民居绘读

An Illustrated Interpretation of Folk House

刘令贵 著

西安交通大学出版社
XI'AN JIAOTONG UNIVERSITY PRESS
国家一级出版社
全国百佳图书出版单位

图书在版编目（CIP）数据

民居绘读 / 刘令贵著. — 西安：西安交通大学出版社，2021.7

ISBN 978-7-5605-9308-1

Ⅰ. ① 民… Ⅱ. ① 刘… Ⅲ. ①民居－建筑－中国
Ⅳ. ① TU241.5

中国版本图书馆 CIP 数据核字（2020）第 223990 号

书　　名　民居绘读
　　　　　　MINJU HUIDU
著　　者　刘令贵
责任编辑　赵怀瀛
责任校对　王建洪
封面设计　刘令贵

出版发行　西安交通大学出版社
　　　　　　（西安市兴庆南路 1 号　邮政编码 710048）
网　　址　http://www.xjtupress.com
电　　话　（029）82668357　82667874（发行中心）
　　　　　　（029）82668315（总编办）
传　　真　（029）82668280
印　　刷　西安日报社印务中心

开　　本　889mm × 1240mm　1/12　**印张**　11.5　**字数**　107 千字
版次印次　2021 年 7 月第 1 版　2021 年 7 月第 1 次印刷
书　　号　ISBN 978-7-5605-9308-1
定　　价　55.00 元

发现印装质量问题，请与本社发行中心联系、调换。
订购热线：（029）82665248　（029）82665249
投稿热线：（029）82668133
读者信箱：xj_rwjg@126.com

谨以此书向长期进行民居绘图研究的张家荣先生表示由衷的敬意

序

刘令贵先生和张家荣先生两位合作完成了这本《民居绘读》，恰好我曾经教授过他们两位，所以他们邀我为本书写个序，我很高兴地接受了。

在建筑学专业和环境设计专业领域，读图是非常重要的专业技能。所谓图者，是专业交流的基本语汇，图是语言，当然这种语言就有一些不同的语种和语义。有工程类图，有创意类图，还有一种运用美术白描或速写的方式写意，而写意则是传递意向或创意的最好工具。本书图文相配，对于学习相关专业的学生将会很有助益，可培养学生掌握和了解传统建筑文化，进而提高他们的创意设计水平，起到学习引导的作用。

民居作为建筑实体，在空间营造和取材用料方面遵循一定的规律，是我国劳动人民长期的智慧成果。民居作为精神承载，寄托着人们悠远的乡愁，其审美信息是朴实的，表现为人与自然和谐共生的哲学意蕴。作者通过《民居绘读》一书，将“民居”作为承载信息的客体，对民居图像的传播做了充分解读，并以图像和文字结合的形式按照聚落形态、组合秩序、空间布局、建造技艺的基本逻辑做了梳理，呈现出较为丰富的信息，便于读者加深对民居的理解。张家荣先生长期以来关注传统民居建筑，对传统民居建筑的写生工作几十年来从未间断。本书采集了他关于陕西民居的大量手绘图稿，以精炼的钢笔画形式，突显了他优秀的绘画功底和艺术水准，表现了他对民居建筑的热爱和深入研究的底蕴。

本书将绘图和图意解读相结合，将中国传统民居以图解的方式展现出来，图文并茂地传递出中国传统文化的意境，以可视可读的方式更加清晰地传递了中国传统民居建筑的魅力。希望通过本书有助于读者学习和理解中国传统建筑中的民居类建筑。

是为序。

梁长江教授

2020 年秋于西安

前言

民居是我国先民最早创造的建筑类型之一，遍布于祖国的大江南北，诉说着朴实和纯粹的地域特色，是我国建筑文化遗产的重要组成部分。传统民居具备如下特点：首先，传统民居是自然的，不同的地理气候、地形地貌、建造材料影响了民居的聚落形态、空间布局和建造技艺。各地的自然条件不同，使得传统民居的样式千姿百态，地域文化也各不相同。其次，传统民居是物质的，从民居建筑的选址布局到材料的应用选择，无不凝聚着各族劳动人民的智慧。因地制宜、就地取材增强了民居对环境的适应性，通过一土一木、一砖一瓦构建了民居的物质属性。最后，传统民居是文化的，它具有浓厚的文化底蕴，详细记录了村落的历史、社会、民俗、生活等多重信息，是进行课题研究和教学的重要资料。基于传统民居的以上特点，对民居的绘和读具有一定的意义。建筑师记录传统民居的聚落形态、组合秩序、空间布局和建造技艺等，把基本规律、经验加以总结和梳理，为今天的民居建筑创作提供参考和借鉴。本书的“绘”翔实记录了民居的基本信息，通过图像和文字结合，信息以“读”的形式呈现给读者，传统民居本身成为嫁接“绘”与“读”的桥梁，民居信息的发出、承载到接收构成了完整的传播系统。

早在20世纪80年代，张家荣老师就开始了对陕北民居的写生，以手绘图像的形式展开对民居建筑的调查研究。出于工作性质和兴趣爱好，之后每有空余时间，张老师便深入各地传统村落进行广泛的素材收集，其写生涉及的地域跨度大，涵盖河南、河北、山西、陕西、甘肃等北方省份的传统村落，尤以陕西省内民居资料最为翔实。在这近40年的时间中，由于种种原因，传统村落损坏严重，很多优秀的民居实例早已不复存在。令人敬佩的不仅是张老师长期坚持的专业精神，还体现在作品的绘画水平和系统梳理方面。以手绘图像方式记录原有民居的风貌，虽经历数十载，却依然能够感受到昔日浓郁的地域特色，成为消失在城镇化进程中的珍贵资料。区别于现今计算机图像的绘制技术，手绘方式更加注重个人思维和感性的表达，民居绘稿虽历经多年，我们仍能从中感受到作者绘稿线条留有的温度和对民居建筑的热情。张老师绘制的图像既有宏观尺度的地形地貌、村落聚落，也有中观尺度的街道组合、空间布局，还有微观尺度的结构构造、细部节点，体现了民居绘制的系统性和专业深度。

本书从绘读的理论出发，将民居图像定义为携带丰富信息的载体，从中可感知民居作为物质属性之外的自然、人文、民俗、生活等丰富信息。本书采集了陕西民居近100幅绘稿并进行解读，同时依据文字内容配有插图，按照从宏观到微观的顺序进行编排，从村落、街巷、院子、细部等方面依次对陕西民居的聚落形态、组合秩序、空间布局、建造技艺以图像和文字表述，希望将绘和读的方式相结合，以图文并茂的形式作为传递信息的有效方式，呈现给读者更加丰富和准确的信息。

本书在编写过程中得到了很多帮助，包括西安交通大学人文学院艺术系领导和同仁的支持，西安交通大学出版社赵怀瀛编辑的努力，环设81班本科生凌齐贤、黄洁玉、王一鸣等同学对绘稿的前期整理，在此向他们致以诚挚的敬意和衷心的感谢。本书可以作为建筑、规划、环境设计等相关专业的教材和参考书，也可作为民居建筑爱好者的学习参考书。

由于时间、条件、水平有限，书中难免存在不足和错误之处，恳请广大读者指正。

刘令贵

2020年秋

目　录

第一章　绘读·民居图像的相关概述

民居凝聚的是一个地方居民的文化空间，凝聚的是丰富的文化信息。是我国目前尚存的几大类生土建筑中仍处于活性状态且在继续发展和完善的一种民居。它不像宫殿、寺庙或帝王陵那么宏伟，但却是中华民族所创建筑的母本，是中华民族文明长河中具有本源特色的一大支流。有房就有人在、有人在就有文化活动在、有故事传说在。

1.1 民居的绘读

民居绘读具备两个方面的基本内涵，首先是传播建筑的文化，其次是作品呈现的形式。就本书而言，将设计师描绘的对象加以文字形式辅助，通过图文并茂的形式呈现给读者，称之为民居的绘读过程。绘和读相结合，一是加强了民居建筑信息的转译，将建筑师描绘过程的所思所想记录下来，并使建筑师对民居的深入理解以通俗易懂的方式呈现，二是扩大了绘稿本身传播的适应性，图像和文字是展示人类精神活动和传达情感信息的主要工具，通过图和文结合的形式达到信息交流的目的，有利于多层次人群对民居图式的理解。民居的绘稿是建筑师表达和思考描绘对象的一种方式，将个人所思所感的素材加以图像化表述，为日后的设计创作提供灵感和经验。

信息论美学将美分解为可以辨识的基本符号，包括语义性信息和审美性信息，认为其基础在于艺术作品本身，不同信息由创作者发送给欣赏者，通过人的感受系统完成传播的过程。由此，“绘”与“读”实质上是将民居信息通过创作者的“绘”传达给欣赏者“读”的过程。民居建筑的物质构成是信息的载体，为人们提供必不可少的物质价值和精神价值。通过民居物质构成的空间形态，人们不仅可以获取基本的语义信息，还可以获得文化、历史、社会，以及情感等方面的审美信息。由此，民居包括的基本信息是多方面和多层次的，在人与民居对话过程中起到重要的媒介作用。

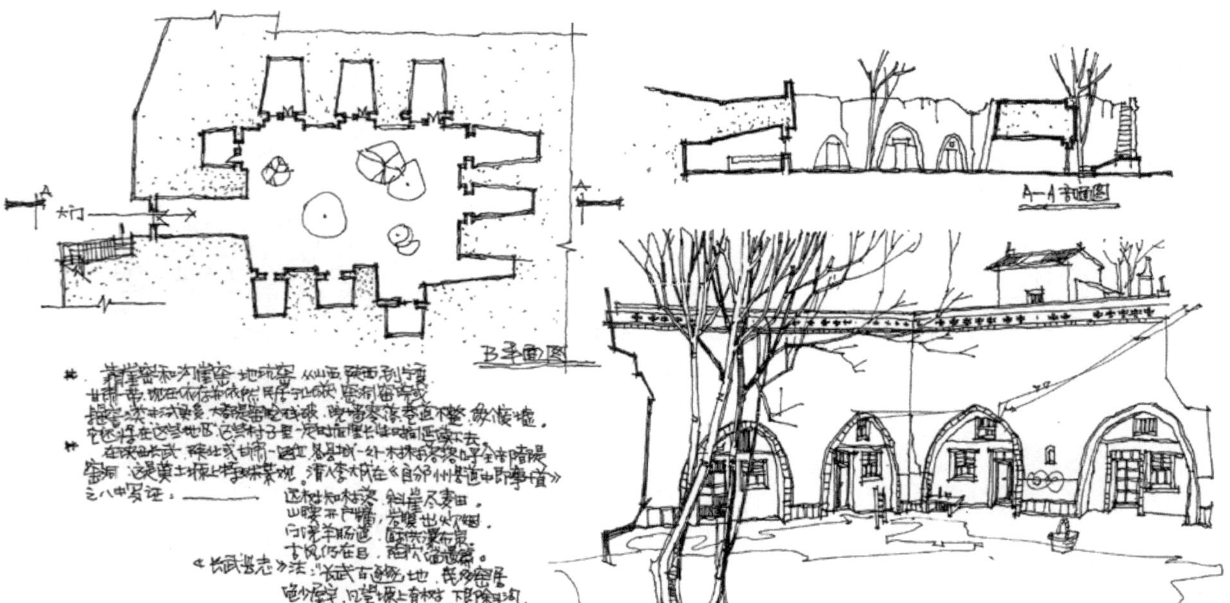

1.2 民居的传播

民居的绘和读，分别以图像和文字作为信息传播的工具。图像主要表达民居的物质形态，遵从设计准则，以线的形式还原民居的环境、空间、材料、构造等，重在对设计过程本身的探索。文字则意在表达绘者的精神活动，绘画过程的所思所想、历史文化的传承传播、民俗歌谣的情感流露，都在配合图像进行另一层次的补充。民居的信息传播是通过多渠道进行的，但主要以视觉形式为主，完成从物质信息到审美信息的转变。

1. 传播的内容

民居的传播内容即其承载的所有信息，既包括物质层面的信息和精神层面的信息，也包括传播主体本身有意识和无意识的表达。通过绘读的视觉形式进行传播，其包含的内容已超出了传统民居本身的“意义”范畴，建筑师对民居的功能和审美的基本认识也将作为内容传播给公众。作为建筑的基本类别，民居同样具备意象性和抽象性特征，它的传播是一种思想和观念。传统民居是人们赖以生存的基本场所，体现了天、地、人关系的哲学理念，是我们了解传统、审视当下的重要方式。

民居传播的内容首先在于功能方面的表达。我们认知传统民居通常在于实体构筑的物质属性，不同民居类型由不同物质性空间组成，也造就了人们不同的生活方式。如客厅、卧室、厨房、卫生间等功能分布影响了人的行为模式，房间的位置、方位、尺度、开窗等要素则影响了居住的温度、湿度、光线、通风，在一定意义上决定了居住生活的舒适程度。因此，通过建筑师对不同地域和类型民居的图像记录，建立了我们对民居由物质属性作用生活方式的认知途径。

民居传播的内容其次在于形式方面的表达。民居通过基本形式限定空间的同时，也在一定程度上限定了人们如何从事生活的方式。形式是作用于空间的基本手段，也是一种审美的表达。人类在长期的历史发展进程中，建立了对民居的基本审美标准，源于自然而又融入自然，通过建筑的尺度、比例、对称、节奏等达成形式美的秩序，体现了最朴素的和谐之美。特别是民居源于自然的材料选择，像最基本的土、木、砖、石，既是由物质构成满足空间功能的基本保障，又体现了民居存在于自然环境之中的审美法则。

民居最终传播的内容属于意义方面的表达，体现了以家庭成员为单位的生活常态。民居是精神情感的寄托和生活的栖息地。正因为民居的意义表达、精神的个性差异，才造就了民居千姿百态的物质形态。粉墙黛瓦，袅袅炊烟，一切都是鲜活的，这里承载着社会、民俗和生活百态，是民居在历史发展中长久积淀的结果。从这个角度上讲，民居承载的精神层面的信息远丰富于物质层面的信息，这也是人们热衷研究民居的主要原因。

2. 传播的主体与客体

就民居的“绘”和“读”而言，本身即传播主体通过客体进行信息传达的过程。依据传播学奠基人施拉姆的传播模式加以解释，由物质形态构成的符号系统成为发信者与受信者之间沟通的桥梁。

民居的图像所传达的符号信息已经不再是建筑师的主观意念，而成为供双方信息共享的物质存在。一方面，传播生活方式的信息与人的日常生活是密切相关的，建筑所创造的形式对人的生活起居的行为方式产生深刻的影响，因而构成民居的符号系统容易被人认知、理解和共鸣；另一方面，符号本身具有社会属性，是在特定社会环境中，由人类历史活动创造所得，是一定社会成员利用共有的符号系统进行信息交流的基础。因此，传播的效果依赖于符号系统所建立的“共享信息”，在信息源与目的地之间，只有在其共享经验范围内才有真正的所谓传通。

传播的主体主要指直接或间接决定传播内容和形式的发信者，他们处于传播过程的首要环节。就本书的民居图像而言，直接传播主体主要指建筑师，民居所承载的信息由建筑师思考和绘制而呈现，从而决定了传播的内容和形式，并在一定程度上影响了传播的效果。间接传播主体主要指民居建筑的决策者、使用者和其他影响民居建筑形式的群体，在传播过程中也起到重要的影响作用。人类社会在发展中并非一开始就有建筑师这个职业，一般由房子的使用者给自己建设，并非由专门人员进行设计。随着社会发展和专业分工的产生，出现了专门从事建造活动的匠人，其对建造技术和材料的选择影响了建筑的基本形态。建筑师与传统匠人的区别主要在于作用方式不同，建筑师要做的不是用匠人娴熟的技艺建造房子，而是对诸多问题加以思考并通过建筑的物质实体表达出来。而今，随着现代社会经济的全面发展，建筑师关注的问题更加广泛，业务范围也在不断扩大，建筑师有机会利用建筑实体向公众传达更多信息，使之首先成为信息传播的主体。建筑师将思维方式转化为物质实体的途径主要是图像，所思所想通过专业的图像表达本身就是一种传播行为。尤其是未来的设计，建筑师应该赋予社会更多的传播内容，在建筑作品传播的过程中，建筑师已经成为有话要说的发言者，而建筑物则是所要陈述的内容。由此，建筑师不仅需要解决诸多复杂问题，成为思维缜密的思想者，还要通过多途径表达思想，成为传播客体的解释者。建筑师作为思想者，其个人观念来源于生活阅历和社会体验，对民居的绘读首先建立在以专业视角表达生活，结合个人认识、审美、能力加以总结和凝练。对生活的理解有助于建立传播过程的“共享信息”，塑造发信者与受信者之间的共同经验范围。建筑师作为解释者，其表达的能力来源于专业教育、设计经验和理论积累，具备丰富多样的表达途径和手段，能够向大众传播更多信息。

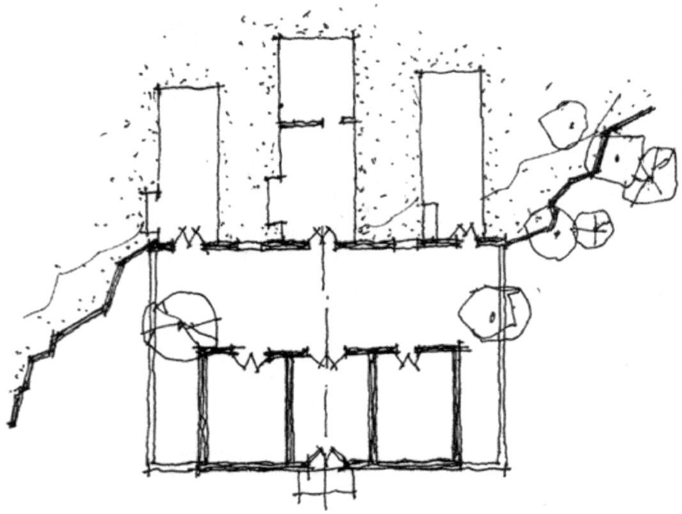

新安石井乡刘宅平面图

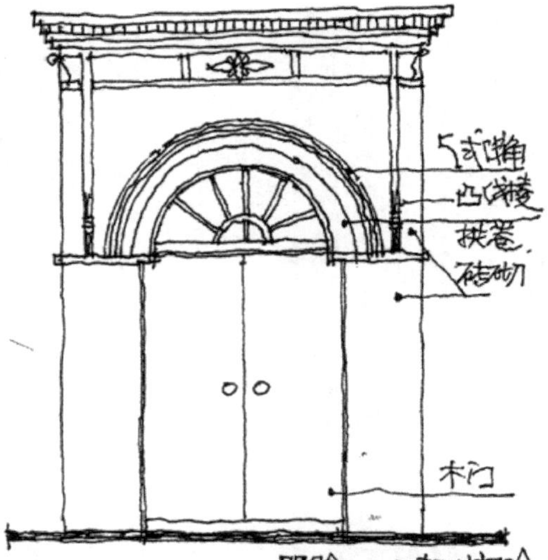

门脸——砖砌窑脸

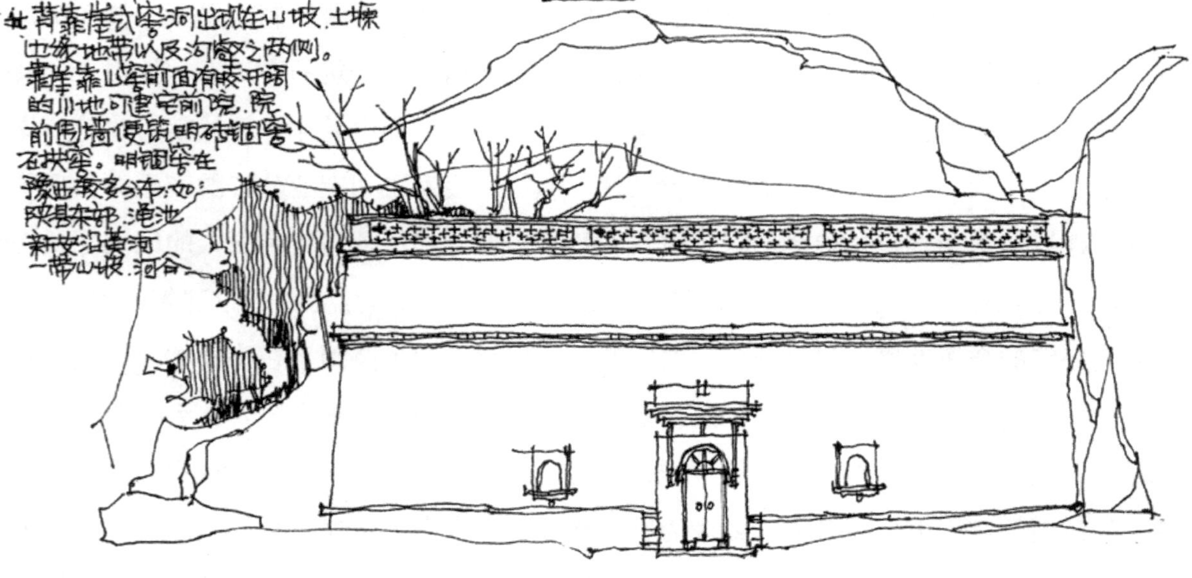

传播的客体主要指民居图像所承载的信息构成的符号系统，是传播主体专业表达的内容。依据符号学的理论，民居图像即包括具体形象和视觉符号的“能指”范围，也包括抽象概念和引申意义的“所指”范围，它所代表的实质上是视觉艺术作品，是嫁接创作和欣赏过程中的审美环节，因此对于传播客体的认知十分重要。但对于客体的理解不能纯粹地认为是一种符号，需要从受信者接受审美信息的角度出发。如果建筑师对于客体的表达过于局限，不能被欣赏者理解和认同，并不能达到传播的效果。同样，对于客体的表达过于普遍，缺乏专业审美的意义，也不能满足欣赏者的心理认同。因而需要将传播主体与客体相互联系以挖掘民居图像本身的审美价值和丰富内涵，建立起从建筑师到作品，再到欣赏者的完整传播过程。

3. 传播的过程

民居一经创造出来就成为一种社会产品，由观念、概念、构思到物质实体的转变，意味着从建造房子的思维过程进入使用过程。两个过程具有本质上的区别，由匠人或建筑师的主观意念到物质构筑的符号系统，使民居图像成为传播的基本媒介，人们通过媒介承载的信息来了解建造房子的主观意识，同时认知民居的诸多功能属性。就完整的传播过程而言，有三种因素十分关键，即建筑师发出信息、民居承载信息、欣赏者接收信息。由建筑师到作品为创作系统，是传播主体发出信息的过程。创作本身是一种抽象性、复杂性的思维活动，建筑师通过专业认知以图像形式表达对民居的理解。由作品到欣赏者是欣赏系统，作品具备承载信息的作用，成为建筑师与欣赏者之间沟通的桥梁。至于传播的效果如何，取决于欣赏者与建筑师的“共享信息范围”，共享信息范围越大，则表明共同语言越多，信息的传达则越准确。欣赏者若能在文化观念、审美观念、价值观念等方面与建筑师有相似性，则信息的传播阻碍就会少，传播的效果自然就好。对于欣赏者而言，对信息的接收过程是有选择性的，首先，对图像承载的信息进行译解，用感官识别、阅读和理解，并做出不同的反应。其次，将信息内容进行反馈，表达个人看待该事物的主观想法，信息反馈在传播过程中十分重要，可以帮助信息发出者了解作品本身在公众中的认可程度和公众的具体意见。反馈系统使得传播过程不再是静态和单一的输出方式，使得信息传递首尾相连，动态循环，与创作系统、欣赏系统共同构成完整的传播过程。

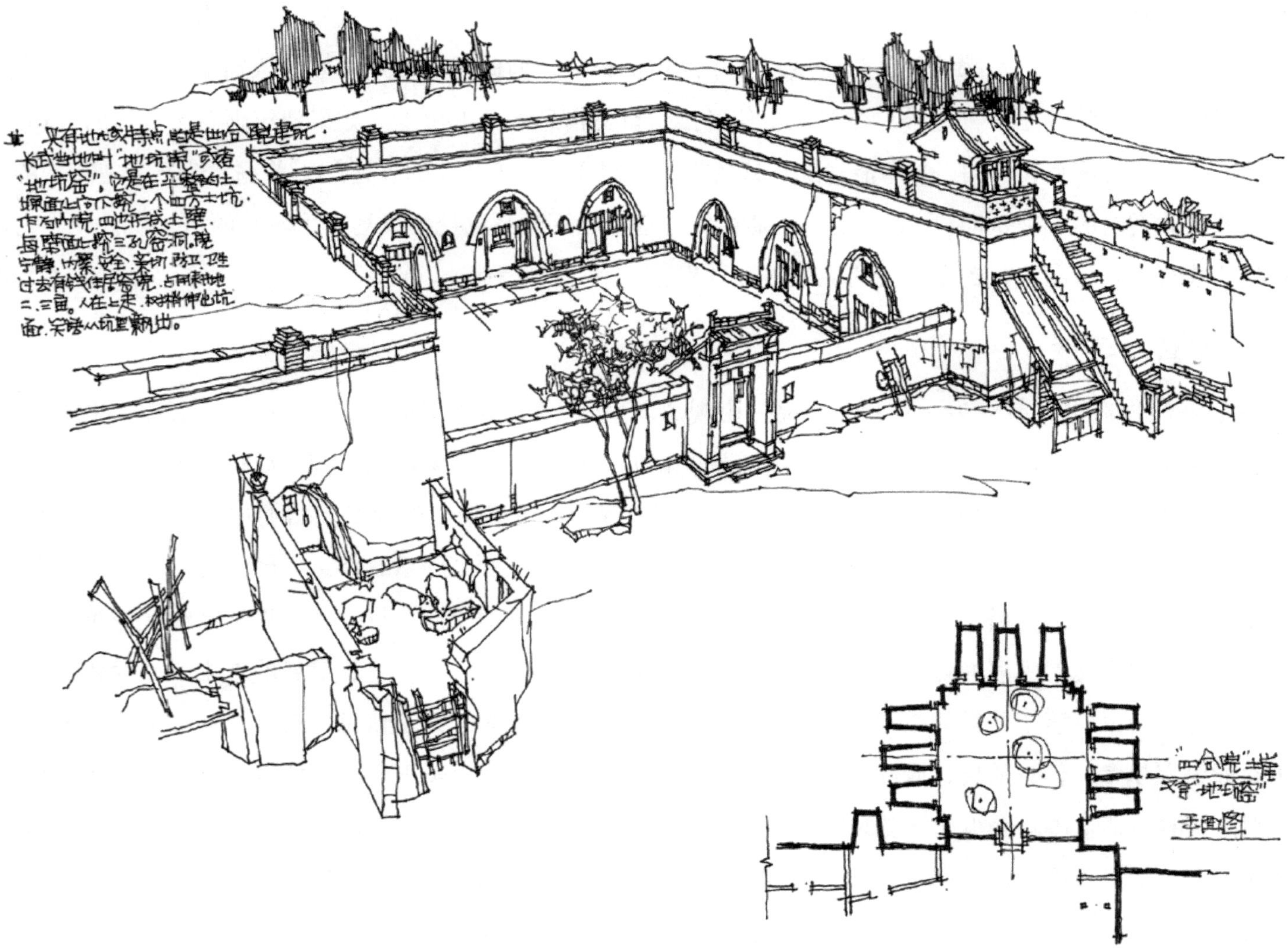

建筑师与欣赏者之间信息的传递应相互趋近，将大众认知反馈的信息进行有意识的提高，大众的欣赏水平就会随之提高，信息传播的目的也就达到了。就民居的绘读而言，建筑师将个人的主观意念以图和文的形式清晰表达，以此提高作品承载信息的丰富度，扩大与公众欣赏的共享信息范围，在文化、审美、价值观念方面有所引导，本书绘读的传播意义就在于此了。

1.3 图像承载的信息

民居图像作为传播的客体，承载了丰富的信息，从中即可欣赏独特的自然风貌，也可感知不同的地域文化，反映了人们在特定自然和人文条件下呈现的生活百态。具体而言，民居图像承载着自然、人文、民俗、生活等方面的信息，通过视觉形式的转译进行表达。本书民居图像主要源自陕西民居，以此为例进行承载信息的解读，通过以下图文形式希望呈现给读者最直观的内容。

我国疆域辽阔，自然气候丰富多样，地形地貌亦不尽相同。在漫长的历史发展过程中，逐步形成了各地不同的民居建筑形式，为传统民居深深地打上了地理环境的烙印，河流与山脉对其文化塑造起到了重要作用。梁启超先生指出："凡人群第一期之文化，必依河流而起，此万国之所同也。我中国有黄河、扬子江（即长江）两大流，其位置性质各殊，故各有其本来之文明，为独立发展之观，虽屡次相调和混合，而其差别自有不可掩者。"在陕西省境内横贯着巍峨的秦岭山脉，其对季风和水汽的屏障作用造就了秦岭北麓和南麓迥异的气候，成为影响我国南北气候、温度、降水等因素的明显分界线。因此，陕西由自然地理的不同划分为陕北、关中和陕南，气候、水系、植被、生物系统各不相同，成为民居建筑千差万别的自然基础。陕北地区黄土层厚，降水较少，冬季寒冷，木材缺乏，历来的民居建筑以生土窑洞居多，其外部封闭以御风沙严寒，院落阔大以利冬季日照；关中夏季炎热，冬季较冷，民居的特点是庭院南北较长，从而可有效避免过多日晒；陕南降水较多，夏季湿热，院门大多居中以利庭院通风，庭院或成半开敞式，或没有围墙。

在中国辽阔的北方，由第一级阶梯向第二级阶梯过渡时，在黄土地区形成繁多的山间豁口与河谷川道，是西部高原地形向中部盆地和东部平原的天然过渡，由此孕育了别具一格的窑洞式民居。黄河中上游地区窑洞式住宅较多，在陕西、甘肃、河南、山西等黄土地区，当地居民在天然土壁内开凿横洞，并常将数洞相连，在洞内加

砌砖石，建造窑洞。窑洞防火，防噪音，冬暖夏凉，节省土地，又经济省工，将自然图景和生活图景有机结合，是因地制宜的完美建筑形式，渗透着人们对黄土地的热爱和眷恋。而由于自然条件、气候特点和地缘关系的不同，陕南地区的民居建筑在历史的进程中则具有丰富多变的造型因素，有着明显的地域文化符号特征，同时又表现出一种因地制宜的创造性。这种创造性体现了劳动人民对自然环境的综合考虑，依据现实条件就地取材，依据地形地貌因地制宜，采用不同的组合方式和建筑语言，创造了丰富多样的民居形态和建筑文化。

陕西境内河流和山脉众多，以秦岭为界分为黄河和长江两大水系，主要山脉有华山、太白山、终南山、巴山等。独特的自然环境和山水格局孕育了不同的文化，为民居建筑提供了丰富的自然资源。同时，游牧文化、三秦文化、荆楚文化和川蜀文化都不同程度地辐射和影响了陕西的民居建筑，使得陕西民居呈现多元文化交融的氛围。陕西地区民族众多，其历史传统、生活习俗、审美观念的不同，体现在各地民居的地域文化各有千秋、独具魅力。自然和人文是民居承载的基本信息内容，传播民居建筑文化，以图像方式将无形转译为有形，从中可以阅读出我国劳动人民的智慧，也可以阅读出最朴素的传统和乡愁。

延川县隶属于陕西省延安市，地处黄河中游陕北黄土高原腹地，是远古先民生息繁衍的中心区域之一，具有典型的黄土高原地形地貌。黄河这条流淌了 160 万年的母亲河，在她流经延川县土岗乡大程村、小程村和伏义河村一带时，形成了一个 S 型大转弯。黄河从山塬下流过，九曲十八湾中最著名的乾坤湾就在村头——祖祖辈辈的生活面貌，苦苦烈烈的黄土风情。

碾畔村位于陕西延川县土岗乡，地处陕北黄土高原、秦晋黄河大峡谷西，这里因家家有碾而得名为碾盘村，由于谐音和居住在黄河畔的缘故，后人改作碾畔村。碾畔村是典型的陕北黄土高原村落，背山向阳，一排排窑洞上下排列、左右为邻，窑洞建筑为土石结构，上圆下方故为天圆地方，一般以三五孔为一院落。院落筑有围墙，设有大门，大门外植有古槐，象征生生不息。

十里铺位于陕西省长武县，居于渭北黄土高原上，这里贴近甘肃，东邻陕西的彬州市和旬邑县，这一地区古名为“豳”，是周王朝先人的发祥之地。黄土塬区植被稀少，常年被雨水冲刷，形成众多沟壑，因此人们在塬面耕作，开凿房屋。由于自然环境恶劣，灾害频繁，清宣统《长武县志》云：“陶居穴处，肘见踵决，地瘠民贫，莫此为甚。”

在陕西长武境内可以看到黄土高原各种形式的窑洞。下沉式地坑窑洞建筑非常多见，而且数量极多。在过去除了县城之外，村落几乎全部都由窑洞组成，在塬上举目望去，不见房屋，只见炊烟偶然从沟壑中升起，成为该地区村落的特殊景观。

第二章　村落·因地制宜的聚落形态

陕西过去的村落大部分以传统农业经济为主，是在长期的农业生产基础上形成和演变的。村落的聚落源于农耕文明和社会分工，或分布零散，形态单一，或集中分布，形态丰富。布局方式多依据地形地貌形成，山地地区的村落形态错落有致，分布零散，呈现较为立体化的空间分布。而平原地区的村落形态则相对规整有序，以单院或多院沿平面依次展开。村落的规模与农业生产的分布相关，也因所处的地理位置不同而差距甚远。一般而言，在相对平坦的关中平原，传统村落的规模较大；在地形复杂的山川、沟壑地带，传统村落的规模较小。

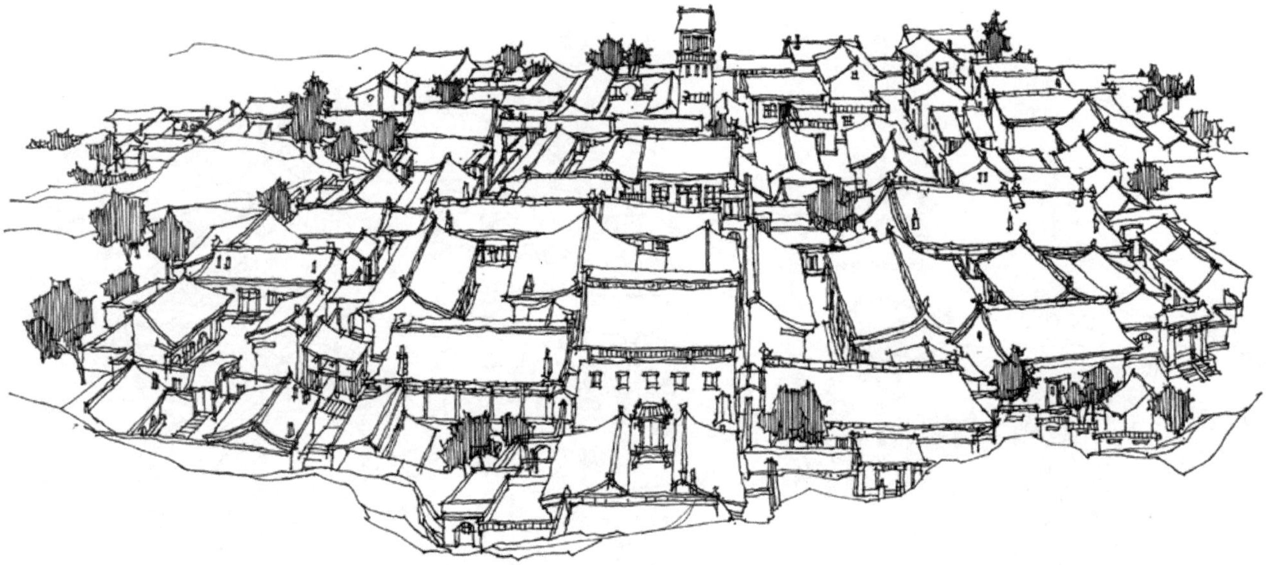

依据自然气候和地理位置的不同，陕西分为关中平原地区和陕北、陕南山川地区，而每个区域的村落布局又与具体的地形地势息息相关。关中具有八百里秦川之势，虽有部分台地、平川，但整体上地形相对平坦，城镇集中，人口稠密。村落的整体布局较为集中，规模较大，村落的形态以矩形和团形为主，周围分布良田，体现了传统的农业生产关系。道路以平直为主，便于串联各村落，满足村民的交通出行需求。由于山川地区地势较为复杂，村落用地坡度较大，很多地区民居建筑只能依山就势，见缝插针，因而村落规模较小，建筑分布较为零散。山川地区又分陕北和陕南两区域，其村落聚落形态也各不相同。陕北地处黄土高原，千沟万壑、支离破碎是其地貌的基本特征，因而形成的村落呈现沿山川、沟壑分布的特点。村落用地相较关中地区零散和不规则，民居选址大多靠山、靠崖，以保障基本良田不被占用。由于土地贫瘠、经济条件落后，自然形成的村落规模较小，分布零散，城市化进程加速了村落的空置，绘图中的很多案例现已荡然无存。而规模稍大的村落则分布在沟口和平川地带，人们选择向阳的崖坡，地势较高，有利于建筑的日照和排水。由于该地区黄土层深厚稳定，加上木材资源缺乏，因而民居形式常采用窑洞，既就地取材，节省了木料，又冬暖夏凉，坚固稳定。窑洞通常分为独立式、靠崖式和地坑式。独立式窑洞用料较为丰富，土、木、砖、石等结合使用，墙身以多个拱券相连，顶屋覆土，窑洞布置相对灵活，采光和通风良好。靠崖式窑洞依山而建，底层窑洞的屋顶平台同时是上层窑洞的院落空间，以此层层叠叠，与山体浑然一体，甚为壮观。地坑式窑洞多见于黄土层深厚的台塬地区，窑洞沿下沉院落的四周布置，空间性质相对独立和私密，不容易受外界环境干扰。

米脂窑洞古城位于米脂县城东南，总占地面积达2.4平方公里。古城始建于北宋初年，后经历朝修缮扩建，是一座逾越了千年的历史文化名城。古城以东、南、西、北四条大街为骨架，儒学巷、石坡和寺口巷等十三条小巷分布于大街两侧，构成形若凤凰单展翅的“两山围三水、四街串古韵”的整体格局。至今的古城，以簇新参半的面貌屹立在黄土高原上。

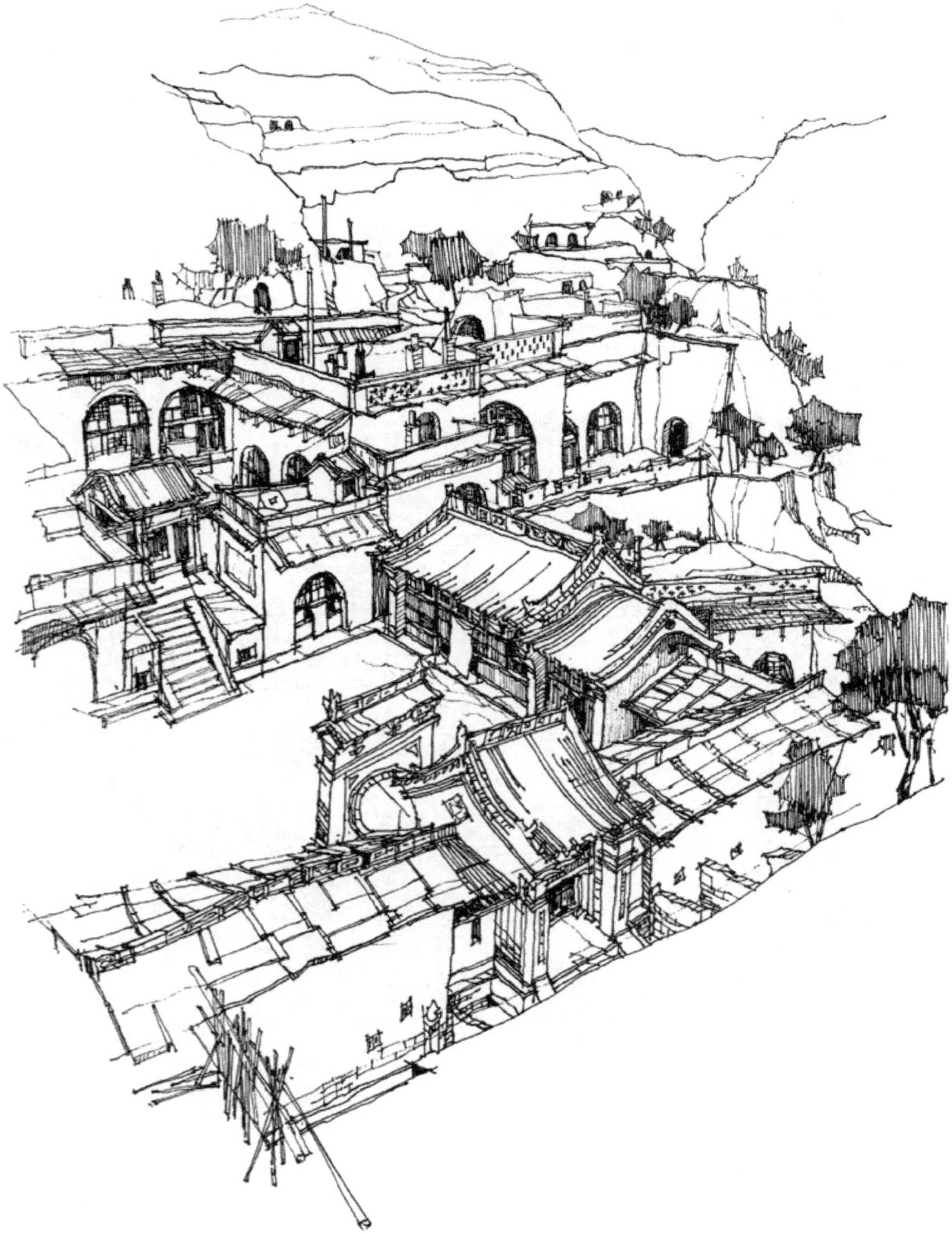

姜氏庄园，又称姜氏庄院、姜氏宅院，位于陕西省榆林市米脂县刘家峁村，占地面积40亩，始建于清同治年间。姜氏庄园是清代财主姜耀祖监修的私宅，由院前、上院、中院、下院等部分组成。主体建筑为陕西地区的“明五暗四六厢窑”式窑洞院落。整个建筑布局合理，由上而下，浑然一体，同时有砖、木、石三雕艺术镶嵌其中，具有一定的历史艺术价值。

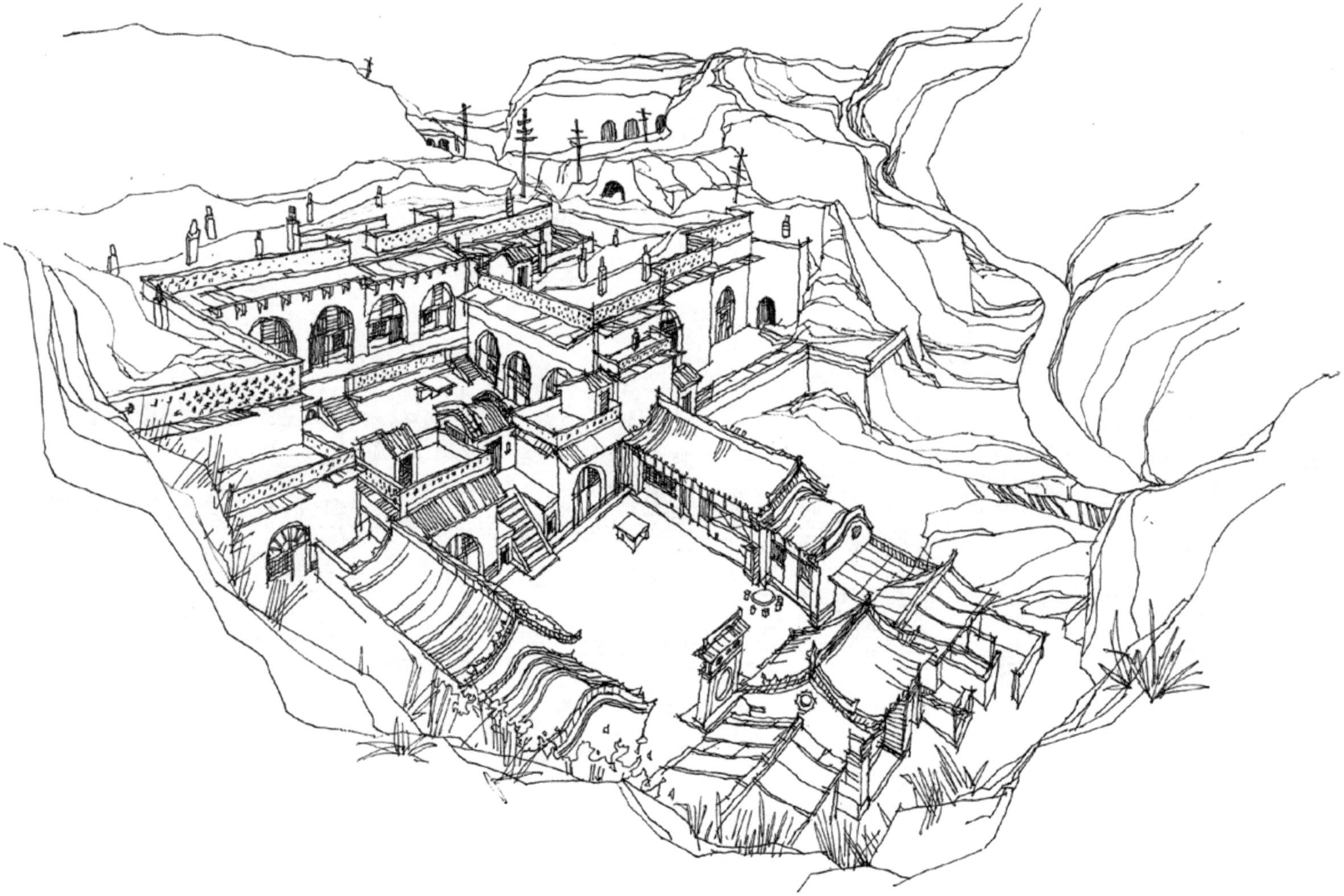

陕北米脂姜氏庄园为典型靠崖式窑洞，坐落在黄土高原的沟壑中，土壤厚实坚硬，多选址在半山腰和山脚下，利用其深度造成的高强度，有利于开凿崖山式窑洞。庄园四周均有寨墙，主要建筑可分为四大部分，为院前、上院、中院及下院，内有暗道相通。

陕北自然坡地高差较大，村落往往聚集在坡度较缓的向阳山沟处，方便用水和采光，同时交通较为便利。迂回曲折的自然地貌也制约了村落的秩序性发展，院子跟随自然环境变化而变化，同时千差万别的自然地貌也造就了千差万别的民居聚落。千年的沟壑，百年的塬，黄土高原上有着无数条经过几千年甚至更长的时间被雨水冲刷、风蚀形成的沟壑，它们纵横交错，将高原分割得支离破碎。先民们并没有嫌弃这块土地，他们掘洞为穴，聚众为村，星星点点地布满了黄土高原的沟壑峁梁。黄土高原几经沧桑，黄土地上留下了许多可歌可泣的动人故事，也留下了无数可描可绘的动人画面。

米脂县刘家峁村形成于明代，有着悠久的历史文化渊源，最早的居民是从关中地区的华阴市迁徙而来的。村子位于县城东15公里，主要经济来源是农业种植。姜姓为刘家峁村第一大姓，姜姓的后人以及刘家峁村人，一直对姜氏庄园充满着自豪感。姜氏庄园面迎绿水，以山就势，占地40余亩。山门有交通、排水、防卫三位一体空间，形成肚大、口小、嵌入山体的隐秘险峻的安居之地，入口洞刻有字“大岳屏藩”四字。

陕北米脂古城山环水抱，两山俯瞰，符合传统聚落选址的风水学说。古城以东、南、西、北四条大街为骨架，儒学巷、石坡和寺口巷等十三条小巷分布于大街两侧，道路两侧多种植旱柳、刺槐、榆树等耐干旱乔木，远远望去，台塬、房屋、绿树层层叠叠，相映成趣。

米脂窑洞古城民居聚落作为黄土高原上一个典型的传统村落，其历史文化积淀深厚。古城内石铺街巷，商业古街店铺林立，街区内民居以“明五暗四六厢窑”式窑洞四合院为主格局，其中以高将军宅、高家、杜家、常家、冯家、艾家为代表的明清窑洞四合院、套院布局巧妙，工艺精湛，装饰考究，每个院落的照壁、抱鼓石、月亮门、垂花门样样精彩，虽历经世事变迁，但保存完好，具有典型性。

院前为姜氏庄园的第一层，通往大门有一条石甬道，中途有九十度的转弯，马车可以由此直接进入姜氏庄园，雨天也可用作排水。甬道的右首是庄园的寨城，高约 9.5 米，寨城右侧为瓦窗，甬道尽头是一间水房，内有约 30 米深的水井，活水不断。水井右侧有一个白石砌的大水槽，用来蓄水。蓄水池旁为水槽，是洗衣之处。水房的地板装有排水装置。水房的另一个用处是放置轿子，轿子抬到这里，一般不再进入。房顶建有横梁，用来将轿子吊起，防止发潮。

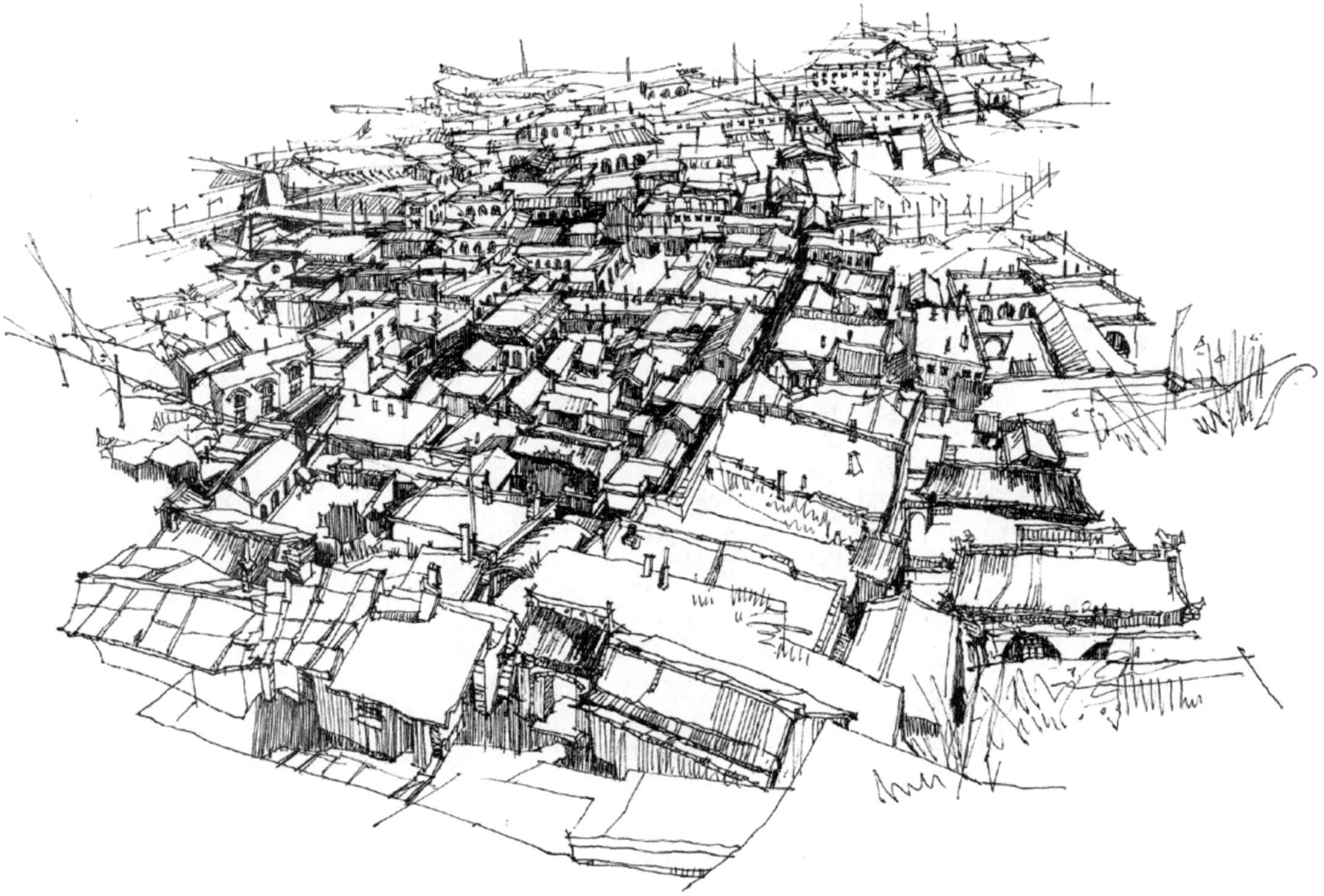

米脂县古称“银州”，在榆林市东南，无定河的中游。2014年，经过国家民政部的审批，联合国地名专家组中国分部给米脂县颁发了“千年古县”的荣誉牌匾。米脂窑洞古城又被称为“明清古城”，位于米脂县城东南部，北靠盘龙山和文屏山，南临银河，山环水抱。经过历代的修缮和扩建，形成三套古城的总体格局，包括宋元古城（上城）、明清古城（下城）和民国新城。其中，明清古城保存完好，2008年，被陕西省人民政府公布为第五批省级重点文物保护单位。窑洞古城格局形成于明嘉靖至万历年间，主要以“下城”十字街为中心，东、南、西、北大街为骨架，街巷分布在四条大街两侧，呈不规则的网状。

神木历史悠久，境内四五千年前就有人类聚居，石峁遗址是现存史前最大的城址之一，为4000多年前中国北方及黄河流域的文明中心。神木历史上一直是守卫中原、抗击外夷的边关前哨，素为“南卫关中，北屏河套，左扼晋阳之险，右持灵夏之冲”的塞上重地。道光《神木县志》记载：“县东北杨家城，即古麟州城，相传城外东南约四十步，有松树三株，大可两三人合抱，为唐代旧物，人称神木。金以名寨，元以名县，明代尚有遗迹。”

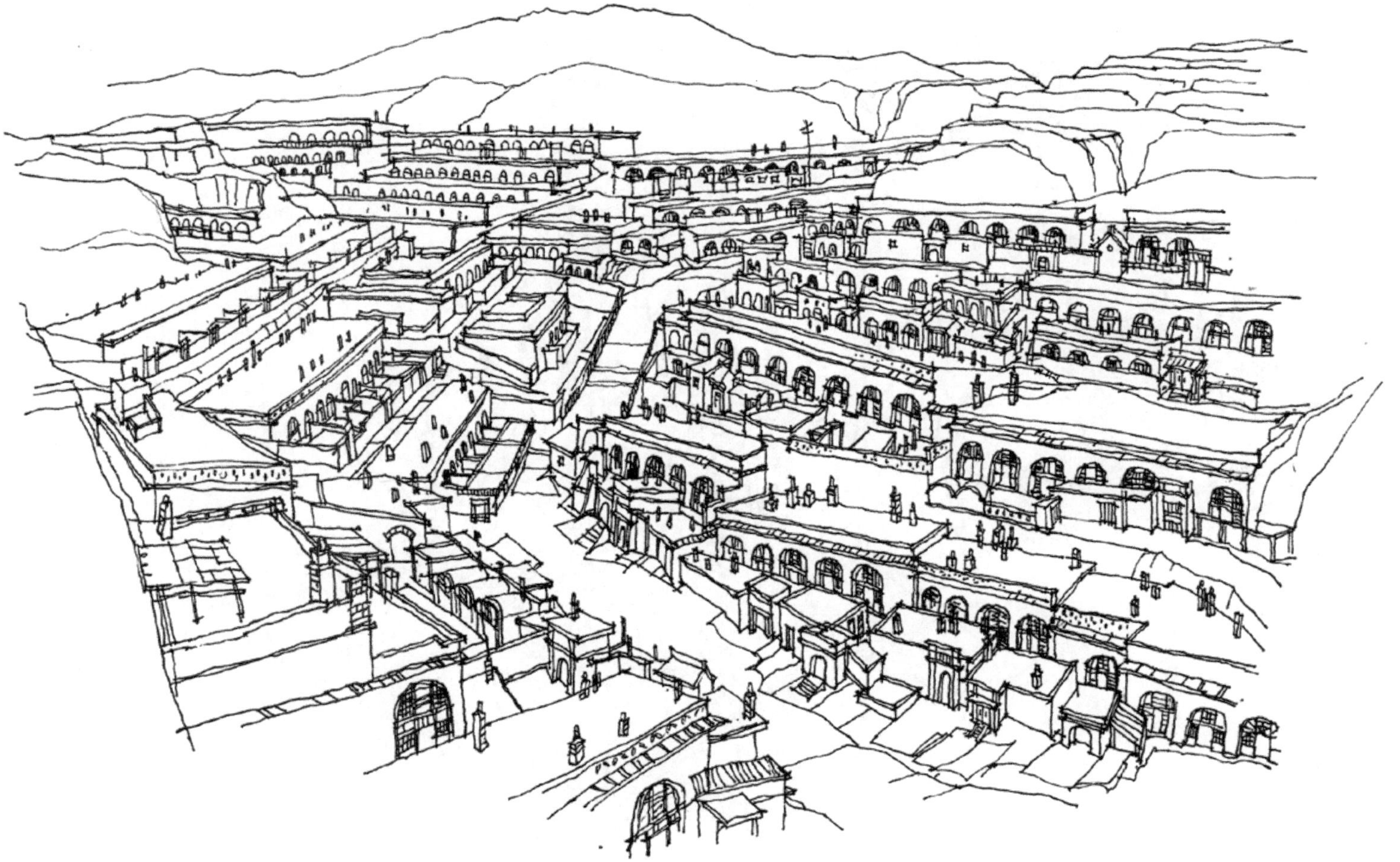

神木镇地处神木市区中心，有着良好的区位优势和资源优势，主要蕴藏有煤炭、石英砂、青石岩、黏土等。陕西神木的土塬台地式建筑十分壮观，形成阶梯状序列窑洞——“街镇”。“窑上窑”是上层箍窑，又称“窑上房”。窑洞利用地方的地形地貌，因山就势，随地取景，不破坏土地资源和生土环境，方则方，圆则圆，地势就偏则偏，就曲则曲。高地则开挖多做平台，因地制宜，巧施技艺，顺应自然。

延川县隶属于陕西省延安市，位于黄河中游陕北黄土高原东部，距延安市80公里。碾畔村位于陕西省延川县土岗乡，土岗乡由碾畔村与小程村两个自然村组成。碾畔村历史上属于交通闭塞、靠天接水、缺水无电的贫困村。碾畔村地处陕北黄土高原，秦晋黄河大峡谷西侧。在这里，黄河以雷霆万钧之势，蜿蜒辗转行进于大峡谷之中，九曲十八湾中的乾坤湾呈现太极八卦天文景观，被学术界称为“黄河天然地质公园”。

佳县位于陕西省东北部，黄河中游西岸，东隔黄河与山西临县相望，西与米脂县印斗镇、沙家店镇接壤。县内山丘连绵，主体山脉有两条：一条由西北自榆林入境，沿佳芦河岸，向东南延伸 120 公里于县城落脉；另一条始于榆阳区、米脂县，分趋于西北、西南境内。两条山脉中，沟、涧、坡、梁、峁纵横交错，地形复杂，海拔高度介于 675~1340 米，相对高差为 664 米，山峁顶与沟底部相对高差为 30~200 米。

窑洞是中国西北黄土高原上特有的民居类型，具有十分浓厚的中国民俗风情和乡土气息。依据材料分，窑洞分为土窑洞、石窑洞、砖窑洞等，深厚的黄土和丰富的砂石为建造窑洞提供了得天独厚的自然条件。窑洞是黄土的产物，是黄土地区劳动人民智慧的象征。

陕北安塞位于黄土丘陵和沟川之地，窑洞的聚集或疏散取决于地形地貌的自然条件，因地因势而选择穴位，从而形成可大可小的村落。安塞自古有“上郡咽喉”之称，处于以仰韶文化为代表的中原民族文化向北发展、以阴山岩画文化为代表的北方民族文化向南发展的文化融合地带，经过历代文化变迁，形成了独特的艺术体系和造形体系，成为中国西北地区黄土高原文化保存最好、民间艺术最集中、最具代表性的区域之一。

在中国陕甘宁地区，黄土层非常厚，有的厚达 250 米，劳动人民创造性地利用高原有利的地形，凿洞而居，创造了被称为绿色建筑的窑洞建筑。一般窑洞为石头或者砖头砌成，窑洞上面覆盖厚厚的夯实的黄土，规模大的可做成并列多间或上下多层，外部也可另建房屋以形成院落。

陕北黄土高原，是我国黄土高原的中心部分，地势西北高，东南低，总面积92521.4平方公里，是在中生代基岩所构成的古地形基础上，覆盖新生代红土和很厚的黄土层，再经过流水切割和土壤侵蚀而形成的。基本地貌类型是黄土塬、梁、峁、沟，是黄土高原经过现代沟壑分割后留存下来的高原面。

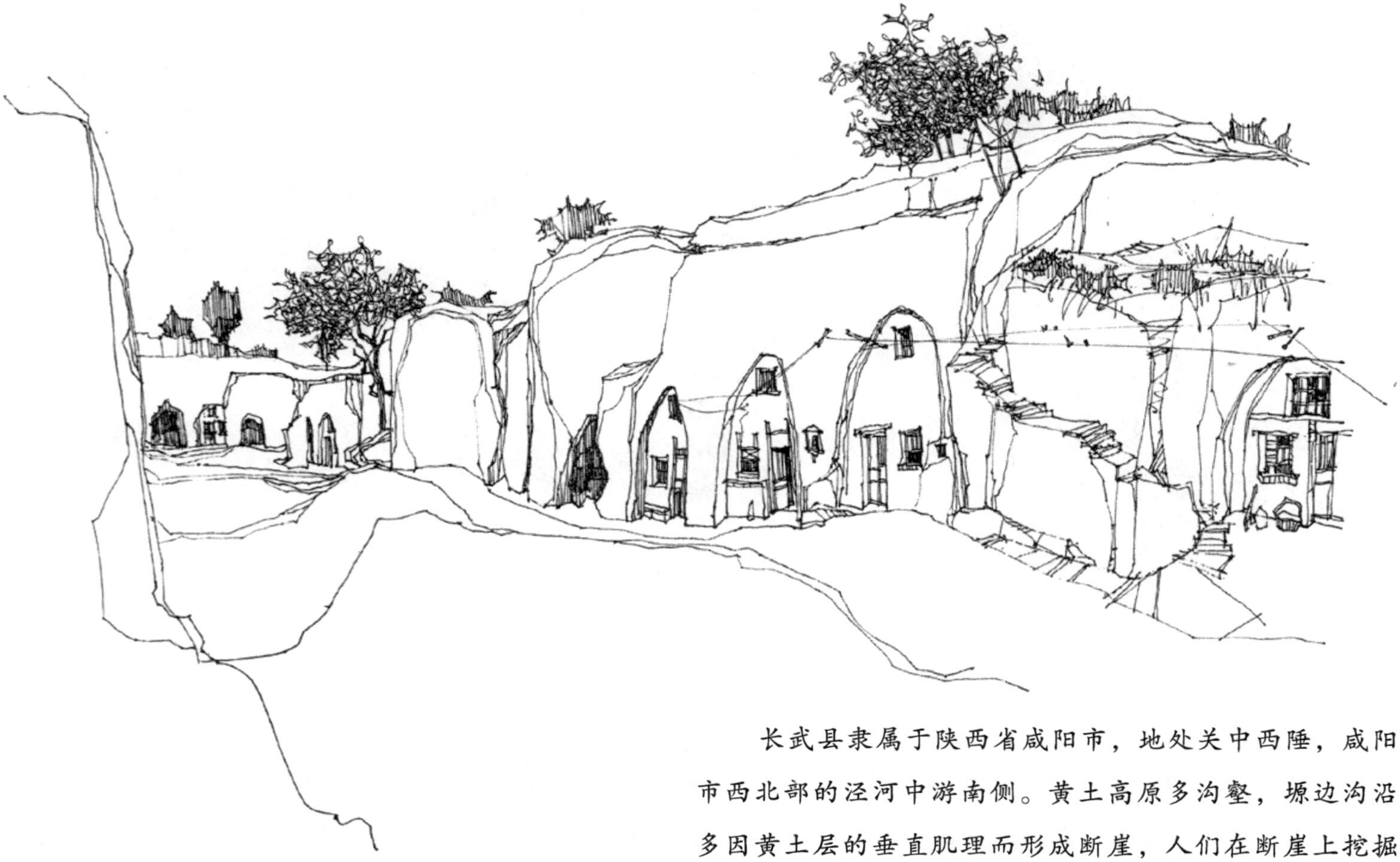

长武县隶属于陕西省咸阳市，地处关中西陲，咸阳市西北部的泾河中游南侧。黄土高原多沟壑，塬边沟沿多因黄土层的垂直肌理而形成断崖，人们在断崖上挖掘窑洞，因地制宜，三孔成组，以羊肠小道连接。长武十里铺是一个杂姓窑洞村，居民的住居形成均为横向挖掘的窑洞，称“横穴”。

陕西省长武县十里铺村、二十里铺村村民利用沟崖在塬的两侧挖窑居住，时间长了，人越来越多，逐渐成了村子。这里的人们居住的窑被称为“靠崖沟崖窑”，是最简单的窑居形式，以横穴式空间为基本特征，配以宅门、围墙，组合成大小不一的院落。各院落彼此相连，沿塬地就势排列，形成蜿蜒曲折、宽窄有序的街巷空间。

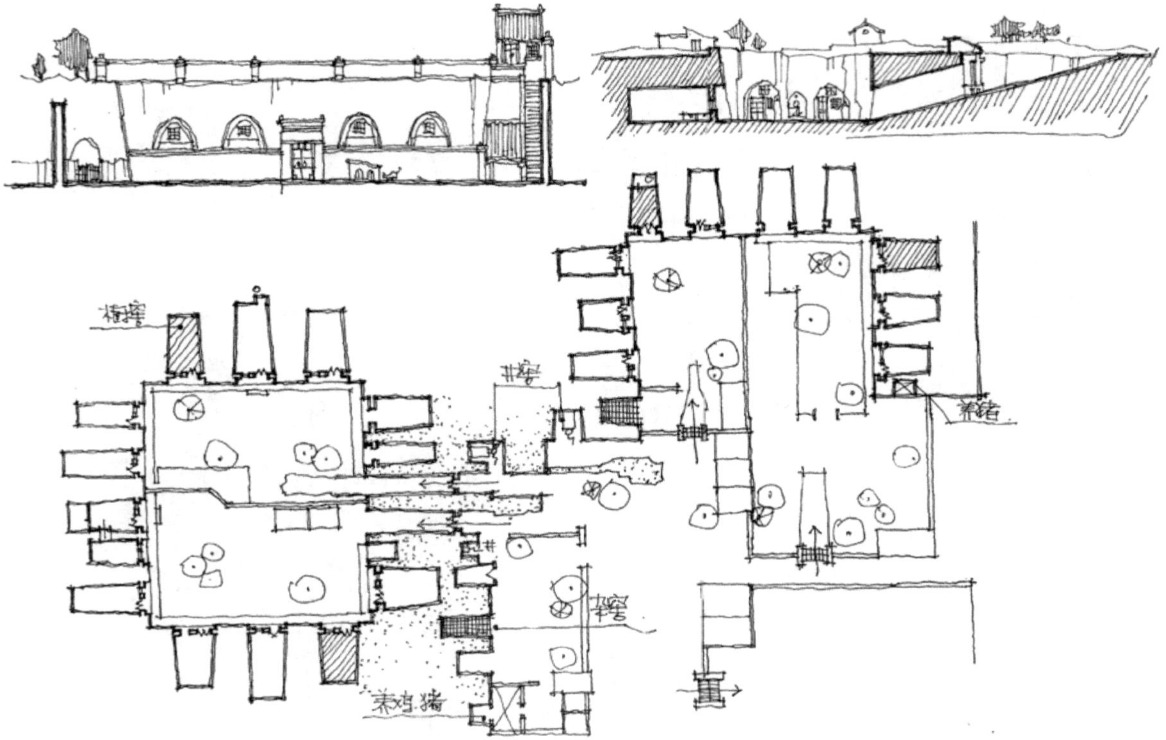

厨窑在当地又叫东厨司命，因厨房多位于东厢房偏窑内而得名。窑深约 5 米，灶台靠窗下砌，高约 60 厘米，宽约 70 厘米，并列安置两口大铁锅，锅深方便烧水、蒸馍、煮面等。窑掌靠墙设置一米宽的案板，墙上挂几条长擀面杖。窑院中置有水井，其位置多位于两侧的小窑里，或在窑腿的一个浅龛里，靠近厨房，也有的在外院。井窑小而浅，因长武地区干旱少雨，水位低，需要挖深 25 米左右，用砖衬砌井筒。上为青石板制井盖，在石板中间凿出一个仅能放入水桶的圆口。井筒上再砌以砖台，井口上用木架装辘轳。井窑墙上掏出小龛备放灯盏照明，以备晚间取水。同时，为解决窑院尤其是地坑院的排水问题，窑院内挖有渗井，井口四周用砖砌，小口 50 厘米，上盖石板，上凿 10 厘米圆孔排水。依据功能需要，窑洞有杂窑和饲养窑之分。杂窑通常布置在两厢房一角，常用来放杂物或放粮食，人口多就继续分窑，人口少则粮食、杂物混用一窑。饲养窑通常设在倒座窑里，以方便饲养牛、羊、鸡、兔等牲口。窑口上设木栅，为避牲畜的气味，也有人家将牲口迁到窑院外另挖小窑，禽类在窑腿崖上掏几个小窑洞就成为栖舍了。

韩城市位于陕西省东部黄河西岸，关中盆地东北隅，北依宜川，西邻黄龙，南接合阳，东隔黄河与山西省河津、乡宁、万荣等县市相望，距省会西安240余公里，总面积1621平方公里。韩城党家村有建于600年前100多套“四合院”和保存完整的城堡、暗道、风水塔、贞节牌坊、家祠、哨楼等建筑，以及族谱、村史，是在陕西目前发现的一处最大、最古老、保存最完整的古村寨。日本建筑学会农村计划委员会委员长、工学博士青木正夫撰文：“我曾到过欧、亚、美、非四大洲十多个国家，从来没有见过布局如此紧凑、做工如此精细、风貌如此古朴典雅、文化气息如此浓厚，历史悠久且保存完好的古代传统居民村寨。党家村是东方人类古代传统居住村寨的活化石。”2001年6月25日经国务院批文，党家村古建筑群被列入国家重点文物保护单位。

第三章 街巷·自然和谐的组合秩序

一个自然村落的形成和发展是循序渐进、长期演变的过程，因地制宜是其最重要的生长逻辑。因陕西特殊的自然地理条件和地形地貌特征，造就了传统民居千姿百态的聚落形态，依据陕北、关中、陕南不同的地理区划和自然条件，传统村落街巷的空间也呈现不同的特点。街巷空间是传统村落风貌重要的组成部分，也是人们感知村落地域文化的重要途径。陕北地区包括榆林市、延安市及其包含的诸县地区，因古代战乱动荡频繁，现保留下来的完整传统民居聚落较少，基本上以清朝末年和民国初年建筑居多。因地形地貌和聚散形态所致，大多数村落民居街巷空间组合的连续性较差，与自然环境贴合十分紧密。依据四合院民居和窑洞民居类型，街巷的建筑组合呈现不同的空间秩序，四合院民居一般为独院或双套院，较少出现多进式院落组合，街巷的整体宽度较大，以避免前后遮挡，争取良好的日照条件。民居的形态大多以院落为中心形成基本单元，呈南北方向排列，街巷的曲直、宽窄因地制宜，入户门直接面向街道。窑洞式民居建造需要依山靠崖，沿沟壑地形的等高线平行布置。人们利用自然环境因地制宜，创造出符合农业生产和生活所需的必要空间。街巷空间往往因地形的高差变化呈现不同的视觉特征，有时建筑相对集中，街巷连续而紧凑，有时建筑相对稀疏，街巷呈离散形态。街巷的平面形式随村落聚落和地形地貌变化呈一字型、L 型和 U 型布置，其组合秩序依据地形变化而变化，一般设有院落空间，院落与街道相邻，彼此渗透，与黄土地貌融为一体。

关中地区包括西安、咸阳、宝鸡、渭南、铜川、杨凌五市一区，位于秦岭以北的平原地带，传统民居以四合院式为代表。平面关系和空间组织属于中国北方院落式民居模式，其组合关系以院落为基本单位，沿纵向布置建筑，呈现纵向而狭长的平面形式。街巷的界面和尺度因民居建筑组合的形态和功能差异而变化，跟随场地而变化，因地制宜。关中地区民居的街巷常设檐廊，不但具有遮风避雨的功能，而且成为人们社交聊天和休闲活动的重要场所。陕南地区包括商洛、安康、汉中三市，传统民居除了具备北方民居的一般特点之外，也兼有南方民居灵活多变的布局方式。街巷空间一般以一字型平面居多，沿河流或道路依次排列，街口和街道分别以点和线的形式穿插进行，灵活布置，空间秩序富有节奏，生动有趣。优秀代表案例有汉中地区的青木川、安康地区的蜀河古镇、商洛地区的凤凰古镇等，都保留了较为完整的传统村落和街巷形态。整体上来讲，村落选址大多依山傍水，聚落形态因地制宜，自由活泼，街巷的长街和短街衔接自然，将住宅、商铺、会馆等建筑联系在一起，共同组成一个节奏和韵律优美的街巷。

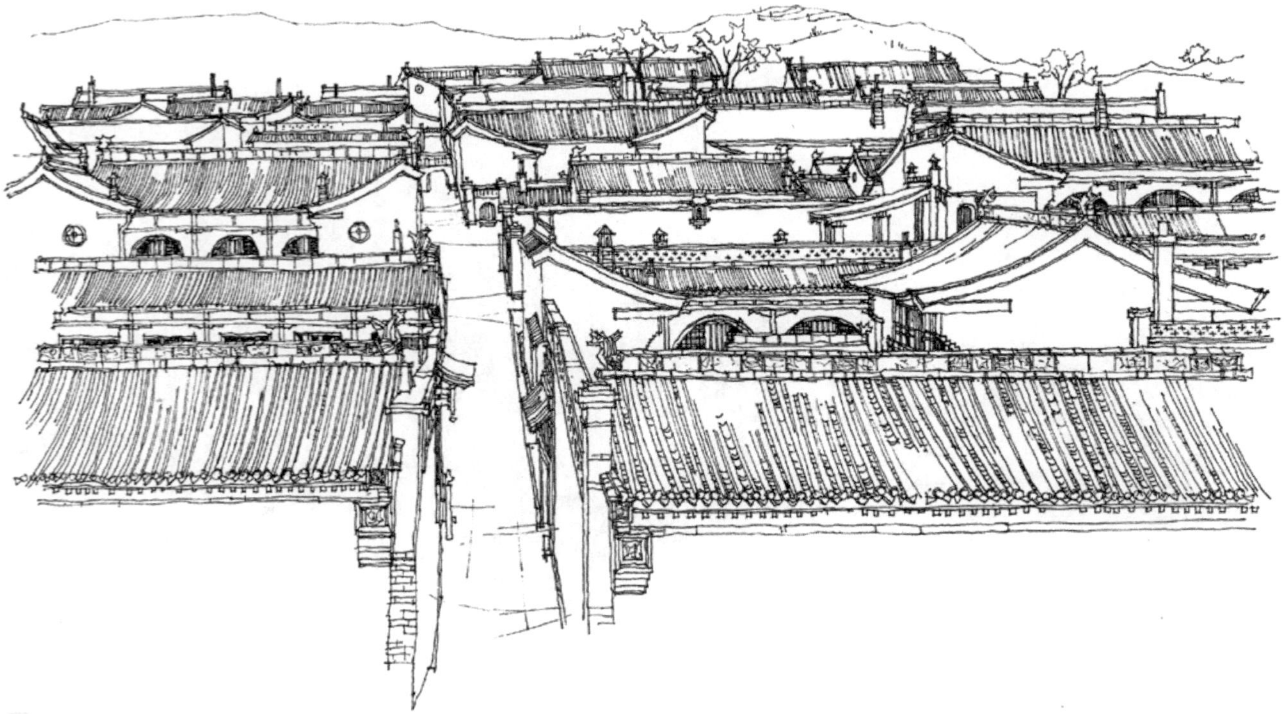

村落是一个有机整体，街巷无疑是它重要的交通血脉，承担着人们生活和生产所需的多重功能。优秀的传统村落街巷，具有一种简朴、宁静、自然的氛围，和建筑形态、基本界面、空间尺度等因素有直接关系。一般而言，良好的街巷空间具备如下特点：首先，街道的宽窄曲直因地制宜，与自然和谐共生，无论在地形复杂的山区，还是在平坦的平原地带，村落的主要街道经常顺应地势而变化，街道空间或直或曲，或宽或窄，以增加与自然更多的互动。其次，民居建筑的临街面变化丰富，建筑的形态、造型、尺度都在基本的秩序下寻求变化。有的山墙朝外，有的纵墙顺街，使得街巷的界面高低错落，给人以丰富的视觉体验，颇有不同形式语言组合的味道。在自然环境下街巷呈现的风格古朴而醇厚，具有宁静和谐的生活氛围。最后，街道的空间尺度宜人，表现在街道的宽度与建筑的高度之比恰当，整体的尺度控制与人的行为关系十分紧密，在视觉上呈现较为舒适的比例关系。除此之外，传统村落街巷氛围的形成还包括很多因素，建筑材料的地域性选择，院内院外植物的种植，建筑小品牌楼、照壁、石墩等的灵活布置，皆对街景的地域文化塑造起到重要作用，在丰富街景变化的同时，也增加了街道景观的可识别性。

陕北吴堡石城位于距今县城所在地宋家川镇北 2.5 公里的独立山梁上，海拔高度约 793 米。古城东、南、西三面为悬崖峭壁，北门外为咽喉狭道，连接后山梁。“环山抱水”的吴堡石城自古就是“一夫当关，万夫莫开”之险地。吴堡石城依山而建，平面呈不规则圆形，城周长 1125 米，占地面积约 10 万平方米。城墙内为黄土夯筑，外为石砌，条石拉筋。城垣残高 1.6~11.2 米，城垣设东、南、西、北四门，上均建有门楼，今门楼皆毁。原门上所嵌石刻题额现仅存西门、南门二处三块。城垣西墙、北墙各设马面一处，东北、西北角设有角台。城内原有南北大街一条，店铺数十处及历代衙门、娘娘庙、祖师庙等。

吴堡石城始建年代尚无文字考证，但从遗迹来看，早在四五千年前，这里就有人类居住。五代北汉时期名吴堡水寨，北宋时大规模扩建，成为北宋西夏拉锯战的前沿阵地。古城城墙用石头垒就，城门由石头搭成，房屋也是砖石构建的窑洞。1938年日寇占据山西军渡，开始炮击古城，从此经常使用飞机大炮轰炸，使城内古建筑遭到不同程度的损坏，仅少数窑洞四合院还保存完好。

米脂窑洞古城格局形成于明嘉靖至万历年间，至今以古老、簇新参半的面貌屹立在黄土高原上，其传统建筑和西式建筑结合，形成独有的风格。最初的窑院多为靠崖式窑洞，选择地形相对开阔的地带，用生土或土坯砌筑围墙。四五孔窑洞组合为院落空间，形成近似三合院的平面布局。在靠崖或道沟边上形成一块方形凹地，三面挖窑，前面在土坯院墙中间立门楼，在门前平整土地后栽树。塬崖高厚地形处则分上下筑建，上房下窑，窑屋结合，充分利用地形变化因地制宜。

陕北窑洞民居是我国黄土文化的重要象征，是原生态与生土建筑的代表，是我国建筑文化中的宝贵遗产，也是研究陕北文化的重要实物资料。靠崖式窑洞背靠土崖或石崖，一般沿山边及沟边地形一层一层开凿。材料的选择也因地制宜，以土料和石料为主，建筑与山体背景浑然一体。

陕北窑洞民居多有石拱大门，其形式是由石料拼砌而成的拱券结构，按其结构形式分为圆拱、尖拱、十字拱等。大门的拱券结构除了在竖向荷重时具有良好的承重特性以外，还起到空间衔接的作用，与窑洞空间具有一致性。同时，在街巷空间直接呈现“拱”的设计语言，具有浓郁的地域特征，对周边环境起到装饰美化的作用。

宜川地处陕西省北部、延安市东南部、黄河中游壶口瀑布之滨，北靠延安宝塔区，南接黄龙，毗邻韩城，东隔黄河与山西吉县相望。宜川属陕北黄土高原丘陵沟壑区，地形地貌以山、川、沟、塬为主，县城南北两街细窄狭长，街巷宽度尺度宜人。

米脂有近千年的置县史，是陕北黄土文化的原生区，是中原黄土农耕文化与北方大漠游牧文化的结合带。米脂窑洞古城位于陕西省北部东侧，无定河中游，传统建筑和西式建筑结合形成其独有的风格。当地人称之为“老城”“旧城”，因其“老”“旧”和独特诱人的窑洞形态而著称。

米脂窑洞古城背依盘龙山、文屏山和东沟，它们之间形成了由平地到缓坡的地势，顺应地形建立在这块风水宝地之上。米脂窑洞古城主要以“下城”十字街为中心，东、南、西、北大街为骨架，街巷分布在四条大街两侧，呈不规则的网状。东大街、北大街、西大街三条大街是整个窑洞古城聚落的主要街巷景观，店铺林立，生机盎然，且保留较完整的窑洞院落也主要分布在这三条大街的两侧。

古城的形状如同凤凰单展翅，两山围三水，四街串古韵。其中，东大街长约560米，为明、清、民国直到20世纪70年代的繁华商业街，街道宽阔，建筑高大。十字街口的复兴昌和万泰昌，为古城曾经的杂货铺，是这里的标志性建筑。东大街两侧的枣园巷、儒学巷、安巷子、小巷子、石坡、市口巷、北城巷、西城巷等，格局未变，名称未变，风貌依旧。

米脂城关的一条商业街，以石板铺路，依据雨水流动方向设置坡度，利用自然地形组织院落。因为无定河和东沟为古城提供了丰富的自然资源，所以建筑材料砂、石供给充足。地面石板和碎石依据不同坡度或平铺，或竖铺，各具特色，古朴而又富有情趣。历史街区整体风格古朴雄浑，风貌犹存，是米脂古城的历史标志。

米脂西大街高家院多采用三合院、四合院布局形式，以庭院为组合的基本单位。正窑对面修有大门，称之为垂花门，因避讳与正房窑门相对，大门里又修有转窗门，象征吉利。除重要事件以外，此门一般不开。

米脂高庙山常氏庄园由三座院落构成，坐北朝南，形式上为地台式院落，按当地习俗称之北坎院。常氏庄园处于距离沟底9米高的石畔上，顺墒畔山南坡依山就势向上发展。所有的院落都是随着山体的等高线高低起伏，上下错落修建而成。这种有机与随机交融的景观秩序，是冲沟聚落形态的一大特色。

米脂刘家峁姜氏庄园地处牛家梁，所处地形是黄土地区设置山寨或城堡的理想场所。庄园根据山体上升之势建立居住环境的基本秩序，整体平面布局错落有致、层次丰富，上下院空间彼此互动。庄园由院前、上院、中院、下院等部分组成。建筑布局合理，由上而下，浑然一体，同时有砖、木、石三雕艺术镶嵌其中，具有一定的历史艺术价值。

米脂高庙山常氏庄园背靠堖畔山，与对景的白家塔山构成一个围合封闭的山水体系，形成了远离人寰的世外桃源。常氏庄园由顶院和底院两套四合院组成。大门前沿用块石筑高畔，平台场地约300平方米，两端为石拱门洞，沿坡由西而入。进入大门即底园，门两边有对称厅房、耳房，院西门内为石头垒砌的磨坊，院东门内为马厩、厕所。由底园拾级而上，经二门直抵顶院，正面五孔石窑一字排开，高门亮窗，正窑两边配双窑小院，主院两侧六孔石窑相对，呈典型“明五暗四六厢窑”式。

长武的台塬窑洞，是利用自然地形靠崖挖几孔而成，生活场景直接坦露在自然环境之中。打口水井供生活用水，院子里可饲养猪、羊、鸡等，一个宅院就是一个家。水井的位置多在东厢一个小窑里，或在窑腿的一个浅龛里，靠近厨房。井窑小而浅，通常宽约 3 米，进深 2.5 米左右，井口高于地面，防止雨水及浮土进入。井口之上架装辘轳，井窑墙上掏出小龛搁置灯盏，以备夜间打水时照明。

党家村在乾隆年间曾经被称为陕西的“小北京”，因此地农商并重、经济发达则又被称为“小韩城”，可见当年之盛况。党家村街巷地面均铺石板，中间低，两边高，有一定坡度便于雨水排放。以砖石做院墙的基础，中间凿有排水孔，便于院内雨水排放至街道。

党家村选址于水、塬之间的坡地上，村内院落布局紧凑，建筑材料以青砖为主，通过不同的制作工艺和方法，创造了院、楼、坊、塔等艺术造型不同的各类建筑，街巷中土、木、石各种建筑材料丰富，木雕、砖雕、石雕精致，具有很高的艺术价值。

韩城党家村内分布着古老的石砌巷道、千姿百态的高大门楼，以及考究的上马石、庄严的祠堂、挺拔的文星阁、华美的节孝碑、布局合理的四合院。党家村民居是韩城民居的典型代表，房屋建造遵循传统，木、石、砖三雕俱全，有很高的研究鉴赏价值。

党家村至今保存完好的四合院有 125 座，其中一级 26 院，二级 42 院，三级 57 院，有城堡、暗道、风水塔、牌坊、家祠、哨楼等建筑以及族谱、古代题字、生活用品等，展现了当时的社会生活氛围，彰显了党家村深厚的文化底蕴和党家村居民高超的建造技术，给后人留下了十分丰富的历史遗存。

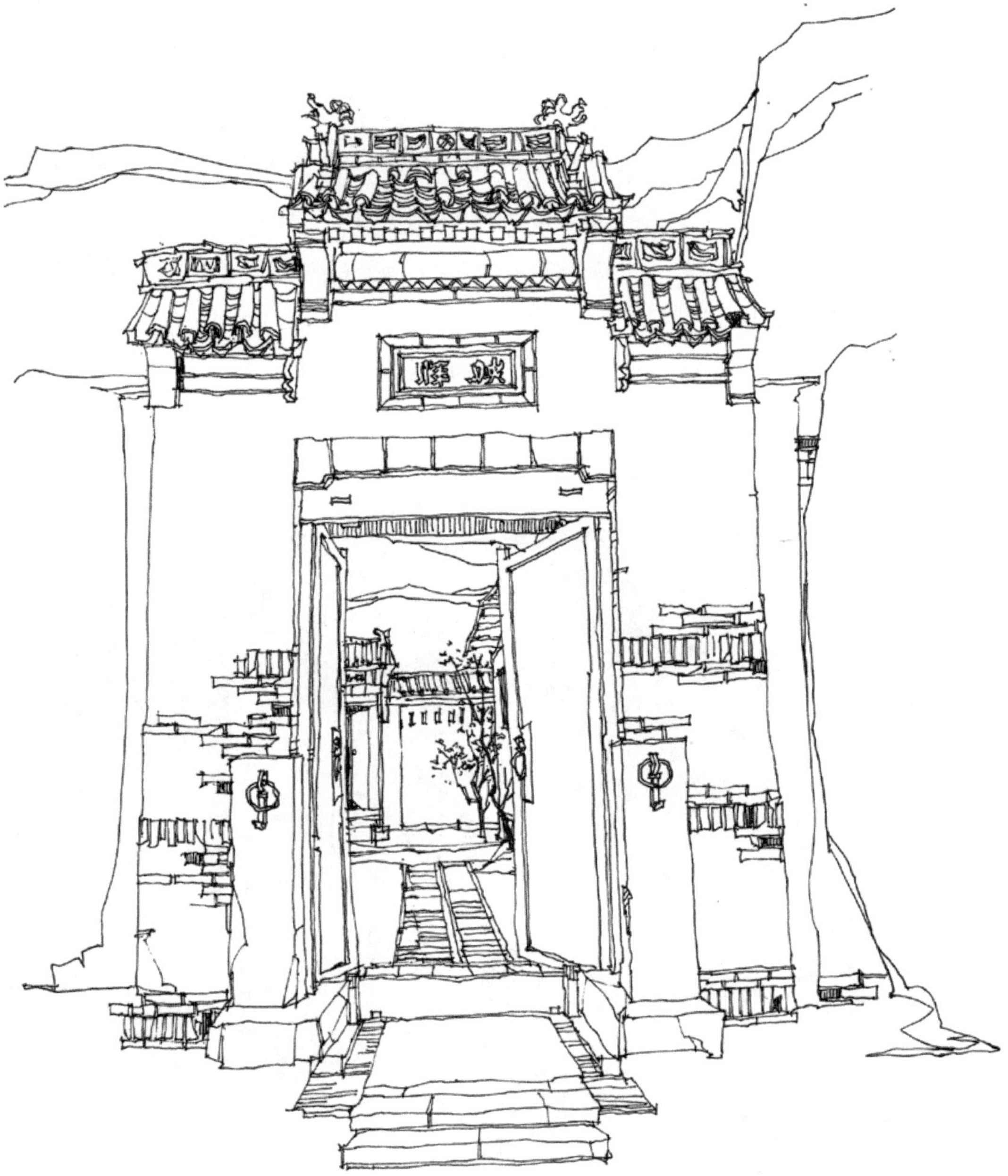

司马塬民居门楼坐落在韩城市南 10 公里芝川镇的韩奕坡悬崖上，始建于西晋永嘉四年。司马迁祠墓建筑自坡下至顶端，依崖就势，层递而上。登其巅，可东望滔滔黄河，西眺巍巍梁山，南瞰古魏长城，北观芝水长流，可谓山环水抱，气象万千。

华州区（原华县）位于秦岭东部、关中平原南部、渭河南岸，隶属于陕西省渭南市，是古郑国的发祥地。图中建筑位于陕西华州区高塘镇，距今天已有百年历史，因年久失修，西半边已残遗。石础砖墙，抱鼓石雕刻精致，栏板木雕细致，如此建造精美的构筑物在陕西境内比较少见。二层楼阁可远眺观景，举楼对称，为三进四合院。

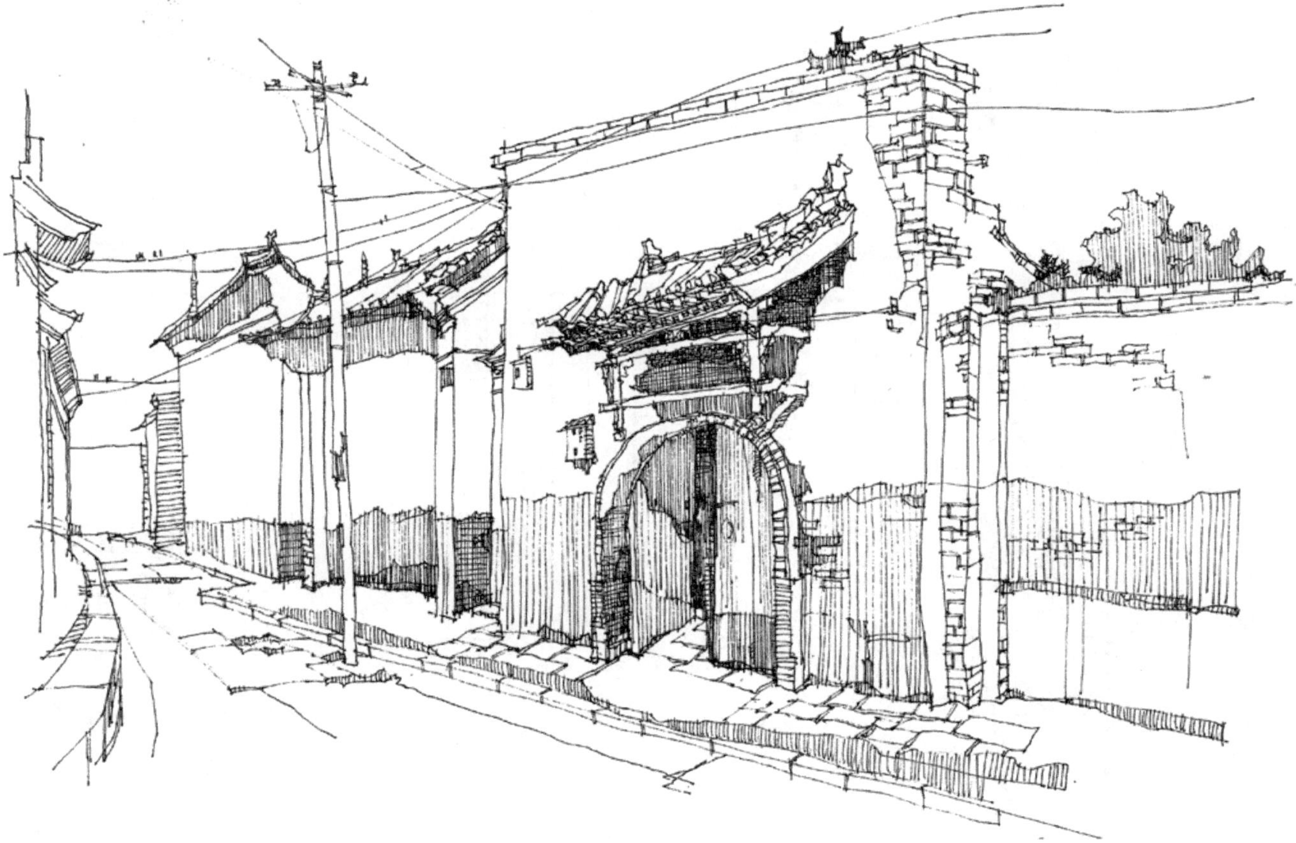

皇甫庄地处陕北与关中平原的过渡地带，位于陕西省合阳县西北端，是进入陕北的门户之一，地形较为复杂。村落街巷多沿东西和南北方向布局，主干道宽阔，次干道狭窄，民居建筑既受关中院落空间的布局影响，也受陕北建筑材料与工艺的影响。由图中窄巷透视图可见，民居入口门楼设计语汇综合陕北关中特点，颇有意味。

陕南地区民居建筑由于不同的选址及用途产生了多种类型，主要包括店居式民居、独立式院落民居和大量的乡村农舍。前两类传统民居空间格局完整、造型特色突出，是陕南各区域民居建筑的典型代表。

第四章 院子·严谨有序的空间布局

院落式布局是传统民居显著的特点，历经数千年一直传承沿用至今，是以庭院为核心的内向型布局，围绕庭院为中心展开一系列的功能安排，体现了中国特有的文化底蕴和生态思想。除陕南地区以外，陕西省地处黄土高原的中心地带，窑洞式民居是其代表性民居类型，颇具特色。其中陕北地区黄土层深厚，寒冷干燥，木材缺乏，因而窑洞尤为普遍。窑洞作为黄土高原地区独特的民居类型，上承原始穴居形态，历经几千年的发展和沉淀，其空间元素成为典型的民居视觉符号，意在传达和演绎窑洞空间的本质特征。其中靠崖式窑洞是陕北最为典型的窑洞类型，依靠土崖和沟壑沿地形等高线呈曲线或折线排列，形成独院式、毗连式、穿院式等不同类型的院落布局形态。陕北窑洞最基本的单元是单体窑洞，通过单体的不同组合，形成分布于黄土高原千沟万壑中的窑洞村落。虽各区域地形地貌不同，每座院落的布局方式迥异，但单体窑洞的结构组成元素一致。窑洞最大的造型特征是下方上圆、下直上曲的拱形几何空间，无论是室外“孔”的单位分割，还是室内“拱”的窑顶特征，无不以圆曲美感构成。窑洞空间没有因柱梁框架体系而产生紧张、局促和压抑之感，窑顶与两侧壁墙的曲线衔接过渡平滑、舒展，形成以拱顶为中心的主轴控制地位，其他的空间构成元素都由此向中心凝聚。从空间结构构成上，窑洞的形成是一个运动的控制过程。“拱”的发明创造满足了人类对建筑不同空间和结构的多变需求，窑洞的空间本身就是一个绝妙的力学结构体。将顶部挖掘成半圆式或尖拱曲线，使上部土层的载荷沿抛物线方向，由拱顶经侧壁传至地基。以传统开挖方式而言，事先很难确定窑洞的剖面曲线，建造者前期未就选定区域进行专业的地勘和结构

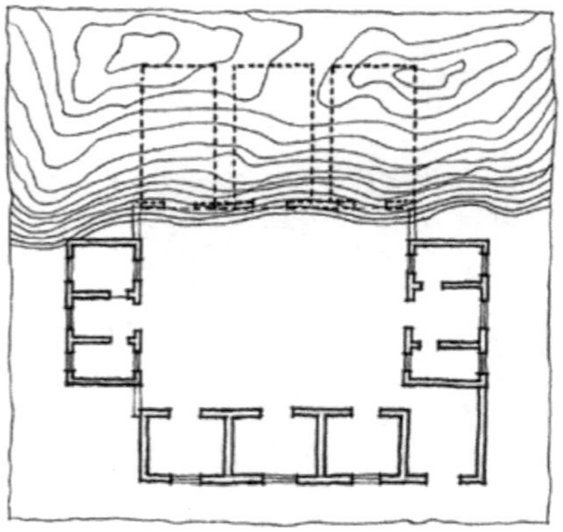

测试，而是根据土质，边开挖边定夺。一般而言，先挖成半圆形拱，若土质承载有问题，改挖成抛物线拱，若土质再承载不了，则挖成尖拱。由此可见，曲率决定了窑顶的承载力，曲率越大，垂直承载力越大，侧向水平推力越小，窑洞就越稳固。因此，从力学意义上讲，曲率成了窑洞空间的灵魂。

单体窑洞整体上分为窑基、窑身、窑顶三个部分。窑基由散水、圪台等基本要素构成。散水对于黄土地貌的窑洞起到隔湿防潮的作用，防止室内空间由于低陷或雨水带来的反潮现象。圪台解决了室内外的高差问题，同时与窑顶出檐形成空间上的呼应，成为室内外空间很好的提示与过渡。窑身是窑洞的主要组成部分，成为视觉的中心和庭院空间的背景立面，其基本形体呈长方形，由三孔或五孔窑洞嵌入其中，一般包括出檐、洞孔、窑腿和窑壁。形式语言上最有特征的为洞孔以及由门窗构成的拱形立面，木门、窗棂的材质选择多为榆树、旱柳等当地乔木，呈方格网状进行组合。这融合了陕北淳朴的民俗民风，亦渗透出居民节俭朴素的审美取向，同现代主义的构成主义法则是一致的。由此，朴素的民风和极简的设计在一定意义上是可以等同的，现代主义具有经济实用的为大众接受和认可的普世价值。依据地形地貌特征，窑洞院落布局依山而建，错落有致，窑顶空间在陕北方言中称为“硷畔”，形象地指出特定空间的方位。贺敬之《回延安》有句“满窑里围得不透风，硷畔上还响着脚步声”，正是对这一空间特殊功能的写照。就窑洞建筑居民而言，每孔窑洞的屋顶同时是上一孔窑洞的院落空间，硷畔具备内向性和外向性的双重功能。该空间的内向功能为每孔窑洞提供“遮天盖日”的结构支撑，成为完全私密的居家空间。另一方面，硷畔的外向功能为家族成员提供室外起居、活动的场所作用，边缘处砌筑的女儿墙，形成较为封闭的庭院，满足使用者安全的需求。女儿墙以十字花砖砌筑方式为主，成为窑洞特殊的形式符号。同时，女儿墙亦成为下一孔窑洞立面必不可少的构成部分。

关中地区的民居空间布局样式丰富，包括独院式、横向联院式、纵向多进式平面布局等，不仅具有地方风格和自己的特点，还具有中国传统院落式民居一般的特点。首先，主要空间布局的特点是通常沿纵向布置建筑，平面较为狭长，以院落为基本单元层层组织，功能安排由前向后依次为门房、庭院、正房、后院、后楼等，庭院两侧布置有厢房，整体空间布局紧凑，功能安排便利。庭院多采用南北狭长的内庭布局，有利于夏季增加投影面积，以合理避免暑热。其次，多进式院落平面布置较为常见，沿着街巷两侧布置，形成窄门面、大进深的空间格局，体现了关中地区人口密度大、用地面积紧张的现状。整体布局一般以两院、三院、四院进式为主，沿纵向层

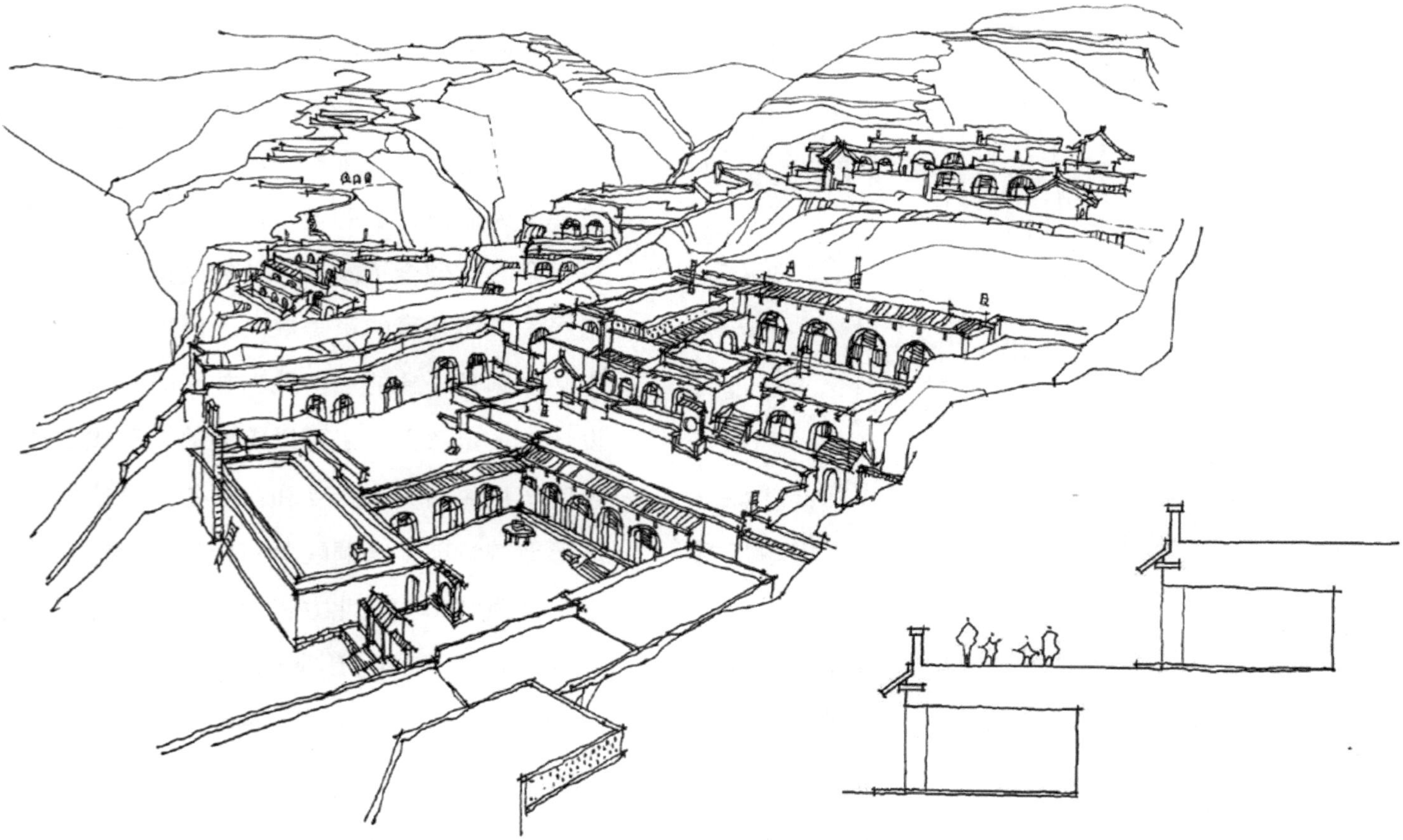

层推进，形成房与房紧挨、院与院相连的序列空间，在节省用地的同时，增加了住房的私密性需求。再次，关中民居在空间处理和建筑造型上具有明显特点，与中国传统民居一致，大多注重选材与工艺，石作、木作装饰艺术水平较高。空间布局虽然紧凑规整，但不乏灵活处理，各建筑空间彼此渗透，丰富和活跃了狭长的空间关系。其中，关中地区柱廊隔扇和透花窗格的使用在建筑立面中创造了丰富的空间层次，使得室内外空间得以渗透，同时为民居风格增加精致、淡雅的居住氛围。在广大的关中农村地区，由于经济条件和用地紧张的限制，平面布局简洁紧凑，但在建筑造型处理方面却灵活变通，门房临街或厢房山墙临街随机组合，双坡屋顶和单坡屋顶相互搭配。单坡屋顶多出现在门房和厢房上，屋面坡向院内，采用所谓“肥水不外流”的形式。大门则设在门房或院墙中间，或者设在厢房山墙上，形式各样，颇具特色。

陕南地区自然资源和文化资源丰富，民居空间的布局形式也多种多样，一般一字型平面是最常见的基本类型，多以散居方式分布于山间田地，一户一宅或多户相邻，组团聚居，相对独立。一字型平面的开间由三开间至七开间不等，三开间形式最为常见，通常为一明两暗形式，成为陕南地区最基本的民居形制。入门正中间为堂屋，后壁置“天地君亲师”或祖宗牌位，成为一家人的精神中心。有时堂屋后方隔出一小间为后堂，放置杂物或通向室外，两侧房间分别作为卧室或多功能室。多功能室再另外隔间，常作为灶房、餐厅、贮藏室。同时，根据用地大小和地势情况，也常采用 L 型平面。L 型平面仍属于开敞式庭院，较少用围墙封闭。在顺向一字型基础上于两端的一侧设厢房，其功能各异，以卧室居多。在正房前面形成一个半封闭的场地，近似三合院的空间。有时在正房前方增设影壁，在保障用户私密性的同时，体现了当地人们的风水观念。较大的民宅常为院落式平面局部，因陕南地区民居用地限制，其平面因山就势，灵活布局，有三合院、四合院、天井式合院等多种形式。一般而言，安康地区用地条件和山势坡度较大，院落平面往往短而宽，汉中和商洛地区院落平面则空间稍大一些，多位于相对平缓的平坝上，其院落空间更加开阔。

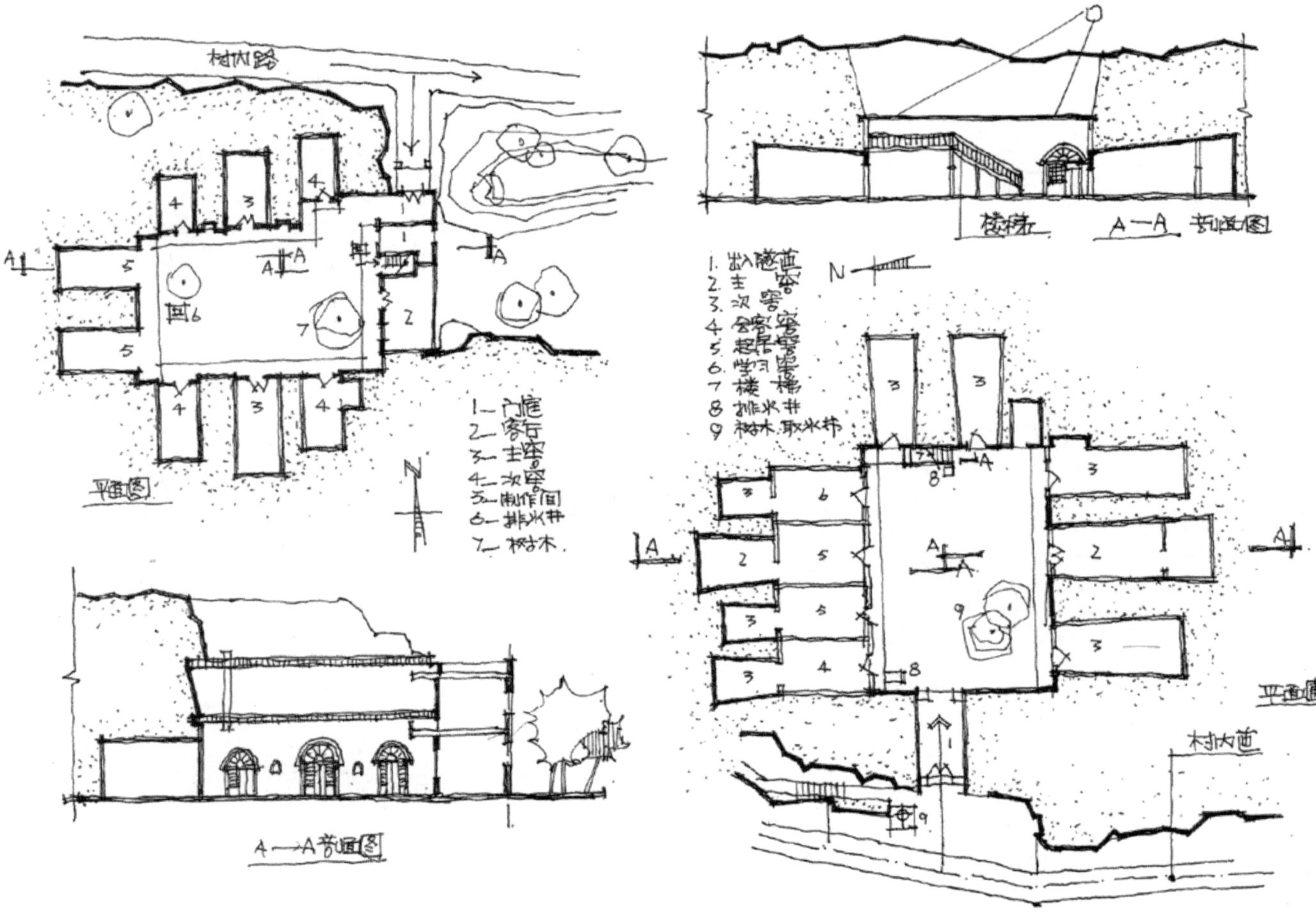

下沉式窑洞又称地坑院，主要分布在黄土地貌的干旱地区，在陕西渭北一带的永寿、淳化、乾县等地比较集中，河南、山西、甘肃等地也有大量分布。农民利用黄土垂直边坡的稳定性，就地下挖一个方形地坑，形成四壁闭合的地下四合院，然后在四周挖出横穴式窑洞，成为完整的下沉式窑洞宅院。一般地坑院平面方形边长 6~10 米，每个壁面挖两孔或三孔窑洞，以其中一孔作为门洞，大门处有一块人工铺垫的狭长场地，大门一般为砖砌窑脸。

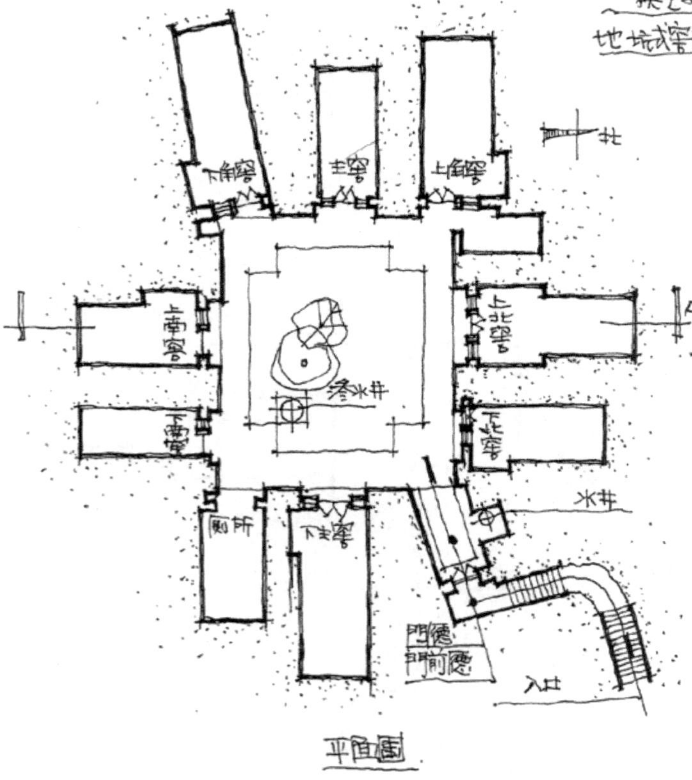

大门是一孔窑洞隧道，洞深 6~7 米，直通下沉式的天井院，庭院中常种植石榴树、梨树、苹果树等果树。每座地坑院设有一口水井和渗井，水井位置固定在门窑中的拐窑里，渗井在院内地面一角，井口用砖石砌筑。地坑院使用功能多元化，结构安全稳固，通风流畅，光线柔和，冬暖夏凉，具有良好的生态效能。窑顶是地坑院重点维护的部位，主要包括天井口至窑洞进深尺寸范围之内的面积，当地农户每年秋季用石磙碾压一次，以保证排水通畅，规避地表裂纹和鼠虫蚁穴侵害。

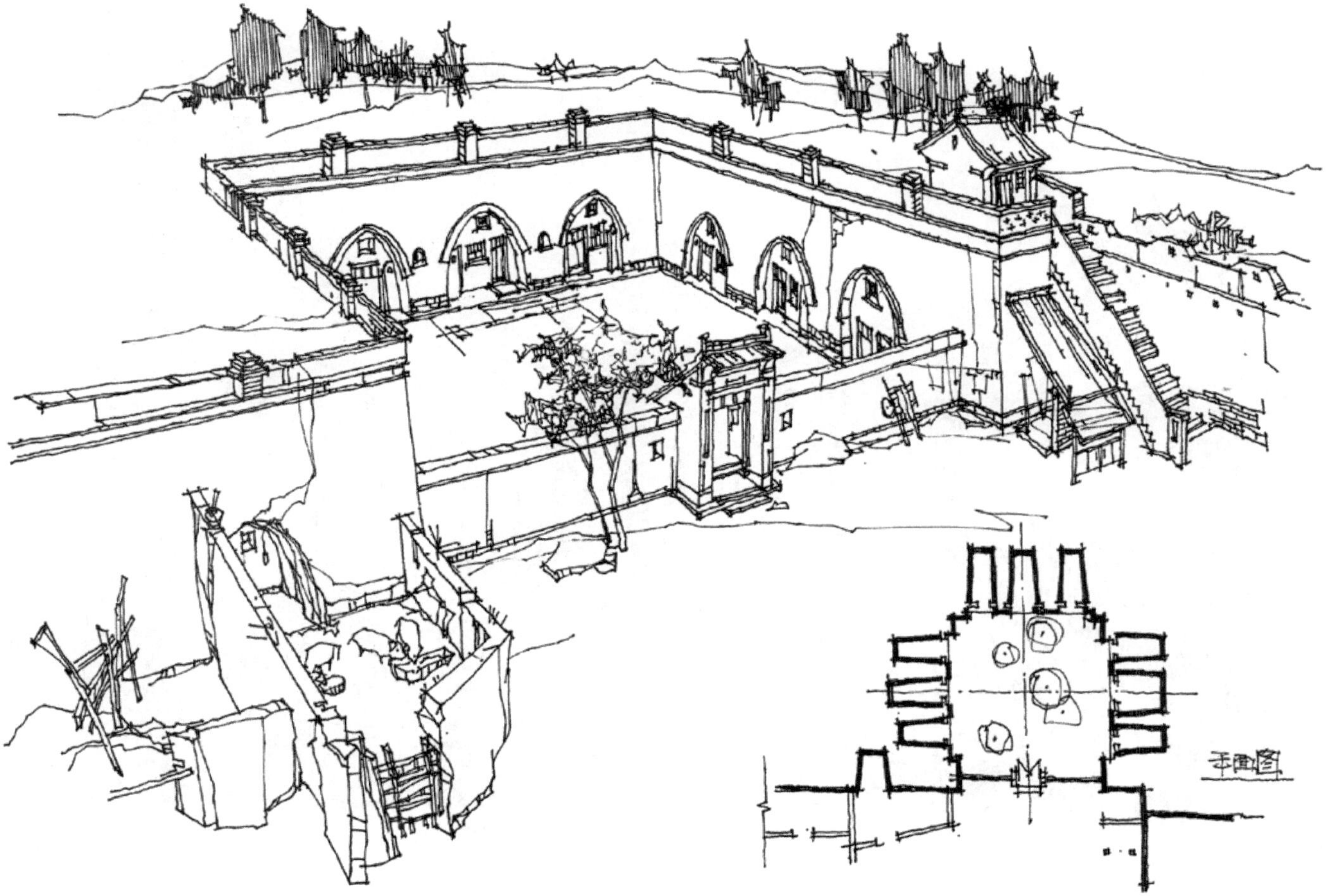

长武县地处关中西陲，当地人称地坑院为地坑窑。人们在平整的土塬面上下挖一个四方土坑，作为内院，在每壁面上挖三孔窑洞，共九孔窑洞。内院一侧另挖供牛、羊、鸡等饲养牲畜的洞舍。窑顶一般比院子地面高6~8米，以利窑洞结构稳定，同时窑顶需要做好防水和排水防涝措施。地坑院院内宁静内敛，安全私密，与院外空间完全隔绝。院外行人看不到院内活动，只见树梢伸出坑面，只听院内欢声笑语，房子的存在和人的活动都与黄土地形地貌融为一体。

独立式窑洞实质上是一种掩土的拱形房屋，多为窑屋结合，砖土相筑。在平地上建造进深为 7~9 米，宽高为 3 米多的土坯或砖拱窑洞。窑洞具有防火和防噪的功能，同时又节省土地，冬暖夏凉。在黄土沟壑地带，土崖高度如果不够，则建造土基砖拱窑洞，一般在崖壁原状基础上作窑腿和拱券模胎，砌筑砖拱后，在四周夯筑土墙，窑顶也需分层夯土。该种窑洞除了砖拱用少量砖石外，主要材料仍为黄土。

在陕北的窑洞民居中，三合院平面布局较为常见。三合院是在四合院的基础上缺少倒座，只有正房和厢房。四周筑有围墙或仅一侧筑墙将东西厢房连接起来，在围墙同堂屋相对处设宅门，此为封闭式三合院，无围墙无宅门的为开口式三合院。三合院中间的空地主要供家庭成员活动使用，也作农忙时的晒场，在庭院周边则堆放农业工具，种植花草果木。

在陕北佳县、米脂、绥德、吴堡一带，不少人用木料、石料在窑前构筑走廊，当地称之为穿厦，主要用来存储杂物，形式上增加过渡空间，既实用又美观，独具一格。该种窑院一般修三孔或五孔窑洞，大多中窑为正窑，有的分前后窑，有的一进三开。窑腿上凿有小窑，以敬天地神祇。窑洞顶部增设窑檐，或檐口外挑，或砖砌花栏，防止雨水冲刷窑面。窑洞的门窗多用柳、杨、榆、椿之木。窗棂或长或短，或横或竖，曲直交错，古朴典雅，造型方面有丁字形、万字形、八角形、胡椒叶形、花卉形等，附以彩绘油漆，工艺讲究，美观大方，再贴上“白格生生”的窗纸、“红格艳艳”的窗花，使得窑洞外观多姿多彩，新颖别致。

在陕北，窑洞既是当地农户的生存和居住空间，也是陕北农耕文明的一道风景线。窑洞多建在山腰或山脚下的向阳之处，用水、种田方便，农民称之为“水食相连”之地。窑洞上面叫硷畔，硷畔上种植树木，窑洞前面叫硷畔，硷畔上多种蔬菜，都是最基本的生活所需，一片生机盎然。此图为洛川县一窑洞群落，地处渭北黄土高原沟壑区，为关中平原与陕北黄土高原的中部过渡地带。此地盛产苹果，民居建筑颇有特点，土层筑窑，平地建屋，窑屋结合。建筑用材十分丰富，土、石、砖、瓦、木一应俱全。

长武县黄土质地稳固，又因沟壑纵横，适宜挖掘窑洞，境内可见各种窑洞类型。清《长武县志》有注："长武古豳地，民多窑居，绝少屋宇，凡望原上有树，下即斜沟，居民凿穴而处，联为村堡。"窑洞上下左右的垂直崖面称为窑脸，窑脸角度后倾，在75度至85度之间。窑洞的大小规格不一，窑院内有主窑、偏窑、厨窑、杂物窑、井窑等，但做法基本相同。黄土塬区气候干旱，院内多种植树木，炊烟偶尔从沟中升起。从清人李大成的诗句"远树知村落，斜崖尽麦田。山腰开户牖，岩腹出炊烟"便是对黄土塬上特殊景观的真实写照。

陕北神木城关的二进四合院为清代建筑，方正闭合，和谐对称，正房高大，为单数开间。图为单体建筑厢房，厢房一般以3∶5或7∶9的间数与正房相配，尽量求得院面方正。院子不设花圃，一律青砖铺地，开阔而清爽。宅门设在四角的一侧，包括两重门，与巷道相连的称大门，与院落相连的称二门，两门呈拐角之势，避免宅门直冲院落。神木的四合院凝结了神木人的智慧，渗透着神木人的审美情趣，有较高的历史价值和艺术价值。

靠崖式窑洞往往建在山坡边缘或山间沟壑处，由厚重的黄土崖壁中开凿而来，沿着地形等高线布置，呈曲线或折线，数洞相连，依次排列。规模较大的在崖外建有院落，规模较小则没有院落，远远望去，砖土连为一片，与地形地貌浑然天成。庭院布置充分考虑农业生产生活所需，农忙时可兼作晒场，堆放粮食，庭院一角置有石碾，便于碾磨各种谷类。

岩石多分布于陕北窑洞区的山坡、沟壑，采石方便，当地农户就地取材，利用石料铺砌地面、砌筑围墙。有些地区也有土基石拱窑洞，与土基砖拱窑洞做法类似。黄土高原一般土层厚实，地下水位较低，将窑洞作为民居具有冬暖夏凉的优点，除辅助砖、石、木料以外，黄土仍然是窑洞民居的主要构成材料，表现在空间和形体方面，营造出一种土生土长、浑然天成的建筑艺术。

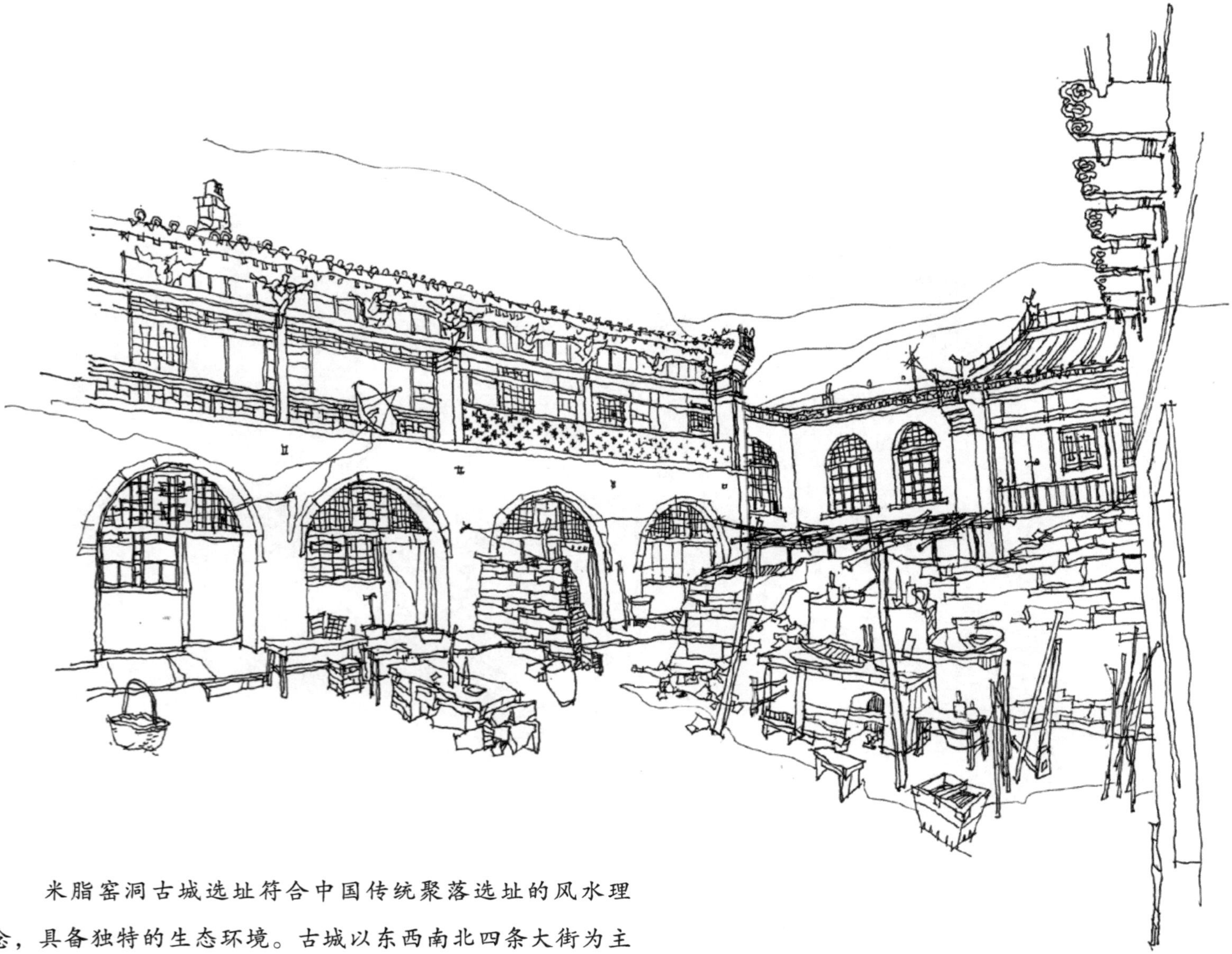

米脂窑洞古城选址符合中国传统聚落选址的风水理念，具备独特的生态环境。古城以东西南北四条大街为主骨架，构成形若凤凰单展翅的“两山围三水、四街串古韵”的整体格局，拥有良好的天然屏障和自然资源。无定河为古城提供丰沛的水资源，保障居民生活所需。同时河谷携带大量砂石，保障民居建造所需，古城居民随自然地形组织院落，并设计街道排水系统。

古城内的窑洞形式多样，有土窑、接口窑、方口窑、砖窑、石窑等，院落正面一般为高大的五孔土基砖拱窑洞，两侧有较小的两孔窑洞。古城自明代嘉靖、万历年间至民国，城郭一直保存完好。规模较大的窑洞院落一般修建有照壁、抱鼓石、月亮门、垂花门等，布局巧妙，工艺精湛。

米脂窑洞古城依山傍水，当地居民生活较为便利，对于窑洞的每处空间都有充分的考虑，一般都在院落里进行生活辅助设施的布置。空间富余的农家有独立的厨房，通过院子与其他居室窑洞保持联系，这种布置既独立又卫生。空间紧张的农家在居室窑炕的一端增设锅灶，便于冬季利用烧饭的余热进行取暖，夏季则在院子内安设临时锅灶，旁边置一水缸，油盐酱醋放置于锅台一旁。

米脂姜氏庄园四周均有寨墙，主要建筑可分为四大部分，为院前、上院、中院及下院，内有暗道相通。中院大门、月亮门、仪门构成主轴线，与上院主窑相呼应。下院为三孔主窑、六孔厢窑带马棚倒座的四合院，其轴线与主轴线呈45度夹角，为辅助轴线，打破了一般院落布局的形制。下院较中院下沉5米，使中院成为院上之院。院内有水磨青砖月亮门，又称“旭日东升门”，内圆外方，砖雕精致，颇具特色。

陕北窑洞居民的美学特征，首先表现在色彩和谐上，黄色的土崖、朴素的门楼、土灰色的窑面无不统一在黄土的色彩和质感中。黄土本来就是建筑的基本材料，是窑洞得以产生并赖以发展的依据。其次表现在空间特性上，窑洞空间本质上是由实体消减演变而来，是做减法式的建筑，空间特征具有纯粹性，形成特有的空间和设计语言。最后表现在环境美学上，窑洞民居以天然黄土为背景，是从属于大自然的人工环境，侧重于表现环境的客观性和外在性，与地形地貌、自然环境融为一体。姜氏庄园中院和主院之间设仪口，通过踏步逐级而上，升高约 2 米后到达“明五暗四六厢窑”的主院。

姜氏庄园设计巧妙，施工精细，布局紧凑，由上而下，浑然一体。对外严于防患，院内互相通联，是陕北罕见的庄园古建筑。庄园内完整保留了生活辅助设施，图为庄园一角的马厩，马槽保留完好。农户一般在院内或院外崖壁上另挖窑洞饲养牲畜，也有的在院内一侧建设简易棚屋，加设木栅进行围护。

宜川县地处陕西省北部、延安市东南部、黄河中游壶口瀑布之滨，北靠革命圣地延安，毗邻司马迁故里韩城。宜川县地处陕北黄土高原，是以梁峁丘陵沟壑塬面为主的土石山区。县内沟壑纵横，梁峁交错，川塬相间，山峦重叠，村落民居绝大多数建在避风向阳、依山傍水的地带。农户在方便生产的川道、山洼、河沟、平塬建窑屋居住，悠久的农业经济使得生活基本自给自足，生活设施在院内布置得井然有序。宜川县的居民具有营建方便、简易经济的特点。此图是宜川县某四合院一角，虽时隔二十载，鲜活的生活气息却依旧扑面而来。

上图为陕北宜川县某四合院，为二进院落，前院为单层建筑，后院为二层建筑，前低后高，呈现良好的视觉秩序。四合院整体建造十分别致，木、砖、石用料讲究，施工工艺精致，风格上与山西民居有些类似。宜川东临黄河与山西吉县相望，由于地缘因素，与山西在经济、文化上交流便捷，民居建筑难免会相互影响，具有多元风格。

神木历史上是守卫中原、抗击外夷的边关前哨，素为“南卫关中，北屏河套，左扼晋阳之险，右持灵夏之冲”的塞上重地。在神木一直有着建筑文化的传承，明清时期民间热衷修建四合院，相继出现过王家大院、李家大院、白家大院等多处四合院。当地居民对木料应用较多，不仅表现在建筑的门窗、檐口、木雕上，木构连廊也多出现在普通民宅中，木材在时间的雕琢下越发具有魅力。

澄城县位于渭北高原东北部，属渭北黄土台塬一部分，地貌以黄土台塬为主体。黄龙山横亘澄城北部边界，洛河从西南流经，支沟流贯塬体，并成为与东西邻县的天然分界。独特的地理位置和自然资源造就了澄城与众不同的民居类型，当地民居不仅有土坯窑洞，还有典型的关中四合院。人口密度较大的关中地区一般多为窄院以节省用地，此地四合院的空间则相对开阔一些。

党家村四合院民居密度较大，用地紧张，院落为典型的一线天式的窄院，天井小而精致。平面关系和空间组织以院落为基本单位，沿纵向布置建筑，呈现纵向而狭长的平面形式，有利于夏季庭院阴凉，避免暑热。党家村是我国典型的传统四合院民居组成的村寨，目前仍有300多户人家住在先辈留下的祖屋老四合院里，全是明清保留至今的建筑。

党家村村寨相连，巷道相通，因势筑宅，主次分明。砖、石、木是民居建筑的主要材料，随处可见石制高台，青砖筑屋，河石铺道。精美奇巧的门楣、木雕、砖雕与壁刻家训使人们在欣赏赞叹之余又受到中国传统人文思想的教益。由明清保留至今的四合院无不向人们诉说着党家村往日的兴盛与辉煌。

第五章　门楼·巧夺天工的建造技艺

民居的细部是地域文化的充分体现，通过砖雕石刻、木雕装饰等细节构造可以辨别民居建筑的地域属性。陕北地区冬季寒冷，干旱少雨，木材缺乏，因而木作装修应用相对较少，仅出现在门窗及屋檐等关键部位。陕南地区气候温暖，雨量充沛，林木资源丰富，因而木作装修广泛应用在建筑的结构体系和装饰体系中，很多细节装饰兼具湖南、四川、湖北民居的特点，相邻建筑屋面衔接处较多设置马头墙，在起到防火作用的同时，丰富了建筑的立面效果。关中地区气候宜人，物产丰富，交通便利，因而民居的砖雕、石刻、木雕等装饰的风格上具有良好的兼容性。从明清遗留至今的深宅大院可以看出，许多装饰细部本身就是一种优秀的艺术品，极大提升了民居建筑的精致程度和艺术水准，成为我国民居文化中的宝贵遗产。民居建筑重点装饰的部位主要有门楼、照壁、屋脊、檐下、门窗、山墙，其中门楼是民居的入口，也是民居重点装修的部位。陕西各地民居的门楼样式变化多样，各有千秋，是浓缩的小型建筑。门楼从下至上一般由基础、门身和门顶三段式构成，其中各段比例协调，装饰部位重点突出，整体造型优美，充分体现了我国民间匠人的聪明才智。

陕西院落式民居的入门进院迎面常有照壁，有各式各样的风格，材料多以青砖青石为主。级别较高的邸宅进院往往是两道门楼，第二道门楼有门四扇或六扇，其中两扇迎面，称为风门或屏门，其作用是使居住场地有所遮挡，增强宅院的私密性和安全感。门扇与照壁相似，富有更多的功能，具体来讲，有门饰文页、铺首门扣、楹联俗风、张灯结彩等。六扇门在陕西商贾宅院通用，两边的门是进出所用，中间四扇平常不大使用。陕北地区把风门又称仪门，通常为两扇和四扇，不仅起到了照壁的作用，而且符合“进门三弯，不问自安”的民俗，寓意吉利祥兆。中间的四扇门只有逢年过节、红白喜事、庆胜重要事件的时候才会打开或者卸下，有“同喜同乐”“欢欣鼓舞”之意。除了进出方便之外，更主要的是增显主人尊贵和地位，遵守礼仪和守财避灾之道。陕南地区民居的门楼综合了湘、川、鄂等地做法，样式繁多，造型丰富，有的门楼檐口出挑轻盈，脊吻起翘较高，门顶脊线流畅优美。有的门楼屋顶两侧伸出马头墙，置于院墙前侧，凸显门楼形象，引导出入行为。有的门楼以木材料为主，关键部位木雕纹样丰富，工艺精湛，与砖墙石阶形成鲜明对比。

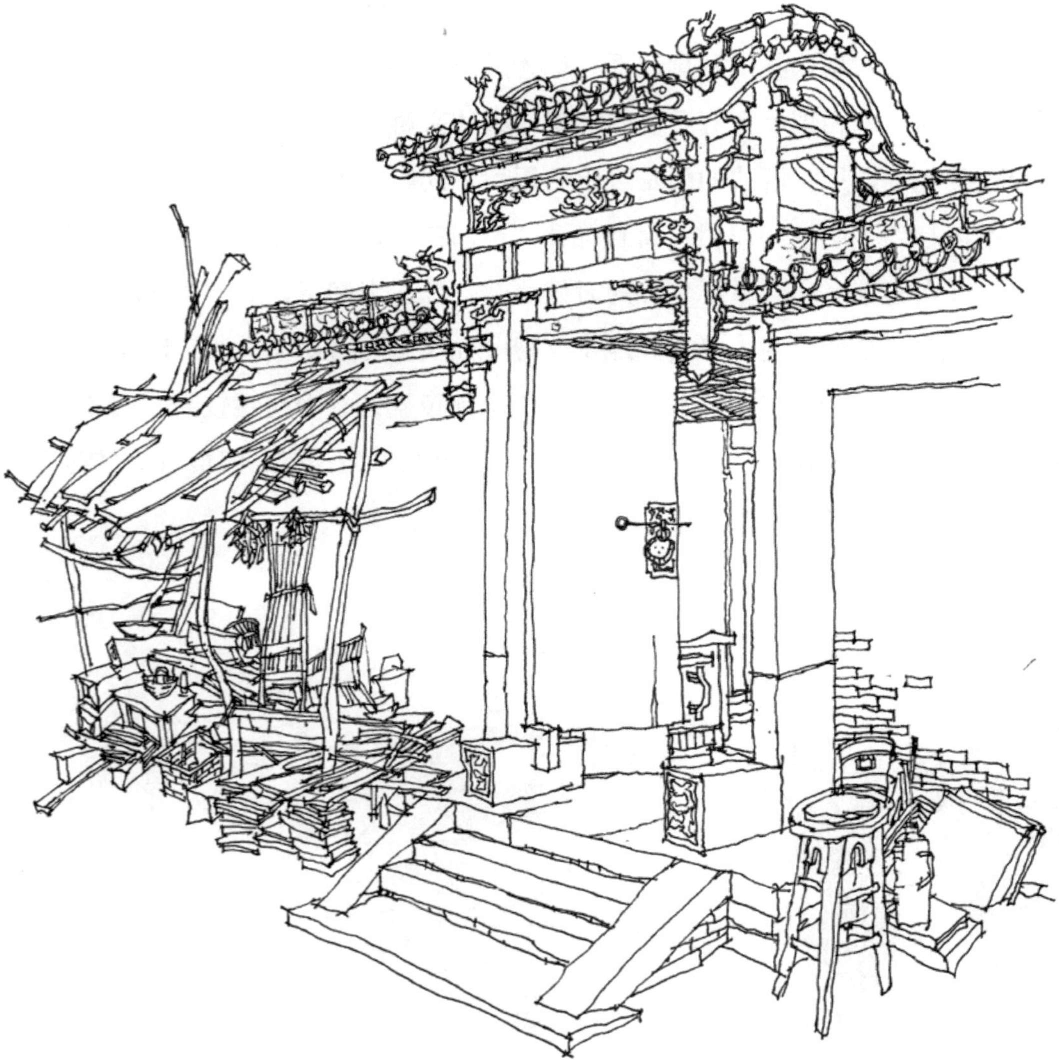

图为陕西米脂高家大院二进院落仪门。高家大院历经百年沧桑，已成为古城内建筑格局保存最完整的清代民居。“门”是归家仪式的代表，一重门一重礼，国人通过三进入口缔造中式仪制。一进大门、二进仪门、三进宅门，每一方空间里皆置显贵符号，大气围而不合，韵味天成。

陕北石金柱大门，多由石、砖材料构造，是中国建筑中的一种屋宇式宅门，在古代多为官宦或商贾人家采用。在规模上，金柱大门显然比广亮大门要小，门也要窄，有的只有半开间。其他方面如大门的构造、屋顶、雕饰等，均与广亮大门类似。

姜氏庄园背靠群山，面迎绿水，依山就势，雄浑奇特，整个古建筑占地40余亩，是全国最大的城堡式窑洞庄园之一。姜氏庄园的门楼砖、木、石三雕艺术十分讲究，整座庄园无处不雕，无处不琢，大至整个建筑设计，小到各个微小装置 ，都有数不尽的雕刻艺术，这些都充分说明庄主的聪明才智和文化内涵，体现出独具匠心的建筑科技和历史艺术价值。

姜氏庄园四合院宅门外立的狮子起着象征性的护卫作用，彰显了屋主等级差别和身份地位。门前以块石垒砌，垛墙高约9米，对外防卫严密，宅院由城垛式寨墙、马面、井楼、炮台、下院、中院、上院、库房、碾磨院、通道等构成，三层宽敞院落梯次渐升，明路暗道四处畅通，门庭落落大方，砖木石雕考究精美，是中国民居的典范。

白家大院位于陕西省神木县西大街，始建于清末民国初，精致浑厚，古朴雅致，它们大都是大屋顶建筑，如庙宇一般，一家一户封闭在院内，院内青砖铺地，漂亮的窗棂木门在时间的雕琢下越发具有魅力。院里住着神木当地人，生活闲适自在。

陕北神木大户庄园门楼宽阔而大气，对称而庄严。踏步为五至九级，是权力和地位的象征，也寓意着岁岁平安、步步高升，在民间应用广泛。门楼石刻、砖雕、木饰做工十分精致，较好地烘托了建筑气氛。

米脂县常氏庄园的中心宅院整体布局由下院和上院两套四合院组成，上下院建筑组团两侧对称，筑有长排窑洞横向展开。门扇由几块木板横向拼合而成，单扇宽60~90厘米，用木骨铁带或铁钉固定，起到装饰作用。门簪也称固扇，是大门上方中槛突出之簪头，其功能是联结中槛与连楹，以固定门扇转轴并兼有装饰作用。铺首被安置在门扇中央，是供人叩门、锁门的实用装饰构件，为铁或铜制，制作形式除了常用的“兽面衔环”外，还做成“五福捧寿”“日月同辉”等花饰纹样的图案。

图为陕北宜川县城大户住宅门楼，历经岁月的洗礼更显其独特的风韵。屋宇式金柱大门一般与倒座房屋连接，但结构完全独立，门楼斗拱、垂挂、浅角、柱础均由石料雕刻砌建，砖瓦也被大量使用。门楼整体设计布局严谨，巧妙运用各种手法，主次、疏密、虚实、起伏等效果明确，外观上给人以协调、轻松、优美之感。

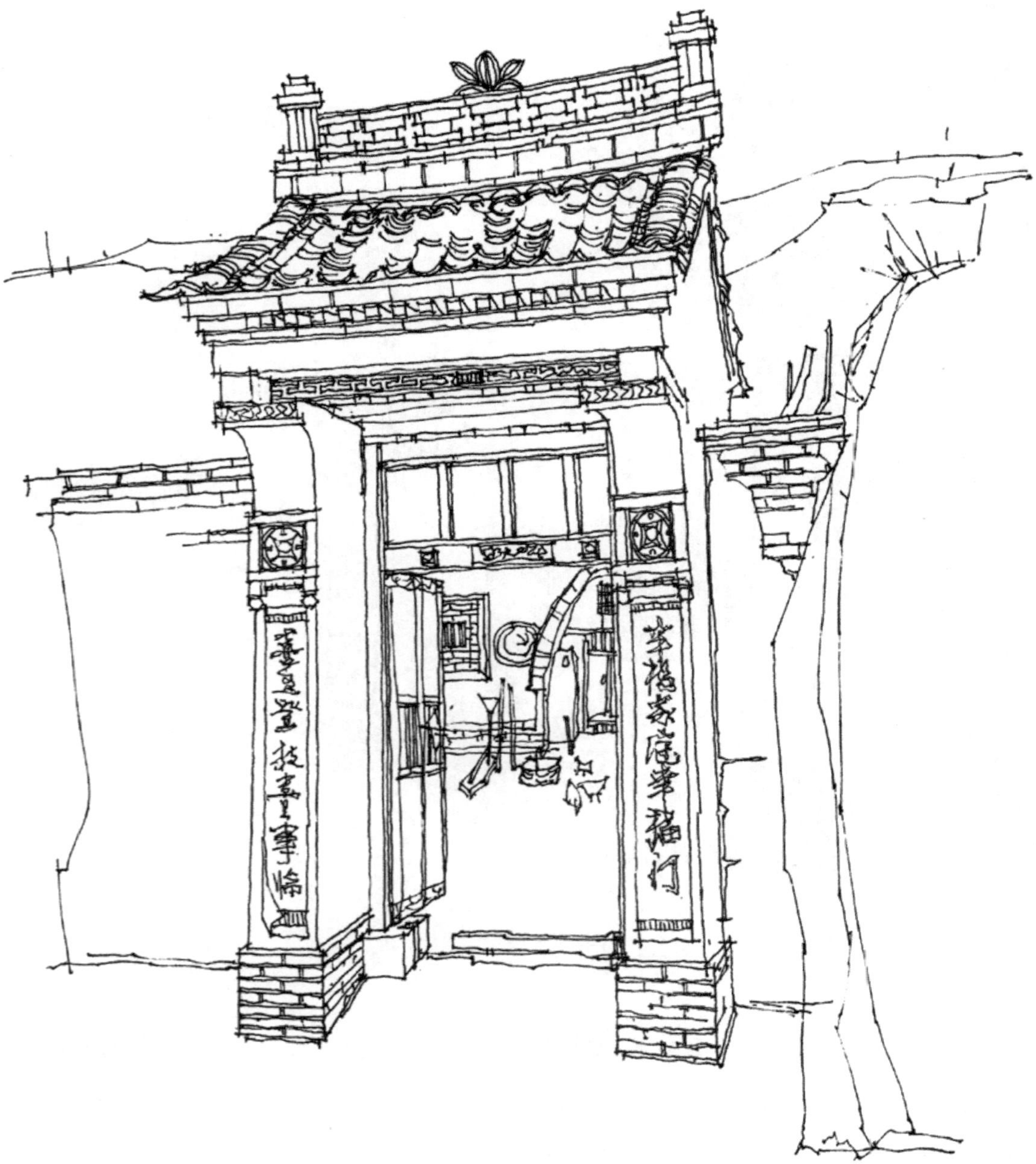

长武三合式窑院大多建有门楼，它既是窑洞人家的门面，又是重要的安全设施。有土坯砌的单坡或双坡屋顶门楼，有砖与土坯混建的门楼，做法上两种门楼大致相同。为了结实，砌筑时采用了包镶式做法，即墙垛用砖砌，边及转角内填土坯，此种门楼大多做成两坡顶，高均 3.5 米，深约 1.4 米。门洞宽 1.4~1.6 米，高约 2.7 米，双门扇高 1.85 米，中槛上面有斗格直抵门洞上限。斗格分成三、四块，题写着家训格言和美好祝愿。门枕石有石槽，嵌入门槛，白天将门槛拆下，无论是走路还是过车等都很方便。

黄土高原上星罗棋布的窑洞，似满天星斗点缀在沟、梁、塬、峁之间，是陕北人民在长期生活实践中，认识利用改造黄土的智慧结晶。小程村位于延川县土岗乡，是黄河西岸一个古老的山村，这里遗存着3孔匈奴人建造居住的千年古窑洞，至今保存完好。窑口顶部采用尖拱，由7块雕有图案的石块砌成，图案有莲花、牡丹花图案，还有头戴毡帽、手持弓箭的匈奴武士的造型。

陕北大户人家门楼常用水磨青砖砌筑，原料采用咸淡水交界的沉积淤泥土，烧制的青砖色泽灰黑发亮，很少有砂石杂质，质地坚硬，保温性能良好。屋顶为硬山顶，屋脊雕有六兽，工艺精良。同时，墀头砖雕、门匾题刻、抱鼓石刻、扣门铺首等装饰细节完善，为门楼的整体氛围增添特有的艺术魅力。

仪门设在二进式院落的前院和后院之间或上院和下院之间，所以又称中门或屏门。窑洞四合院的仪门设置了两道门板，人在进入后院过仪门时，必须要转身绕过两道门才能进入后院，所以又称为转扇。二道门在婚丧嫁娶或逢年过节时才能开启，平时不可随意使用，更不能残缺。

陕北四合院的仪门从其材料上看，可以分为木构式和砖砌式两种。图中的木构式仪门主要靠四根立柱支撑。前两根立柱下做门墩石，依靠门墩石和墙体将其固定，此处设第一道门。后两根立柱下做柱础与地面衔接，起固定作用，设第二道门。运用抬梁式木结构做出门楼顶的双坡构架，门楼前檐下做木雕垂花、花板、雀替、梁托等重点装饰。木构式仪门的顶通常为卷棚式顶，砖砌基础，前门有石狮。

砖砌式仪门的后半部分与木构式仪门大致相同，其屋顶通常是卷棚式。砖砌式仪门主要以青砖砌筑，仪门的前两根柱子由青砖代替木构，后两根为木立柱，有柱础。由于青砖墙体代替木立柱，门楼的正面主要用砖雕进行装饰，有砖斗拱、砖雕门楣、砖雕垂花等，所以木雕装饰较少，个别处题有门匾。门匾题刻内容丰富，如“武魁”“进士”“功同良相”“忠孝传家”“诗书门第”“福禄寿”等，内容蕴涵文学性、哲理性、社会性，是中国民俗文化的内涵表现。

四合院宅门是一条窄窄的有坡度的巷道，迎面是厢房的山墙，有砖雕装饰重点部位。巷道成为过渡性空间，由此进入前院和后院，前后院都有一个外院和内院，外院通常由倒座和厢房围合而成一个较小的狭长空间。巷道比外院尺寸要大，通过过渡空间的缓冲，增加了院内外的空间层次。巷道端头厢房的山墙从景观意义上讲是一个端景，加强了空间的视觉层次和趣味，给人一种庭院深深的宁静之感。

过街门指通道两侧相对着开的门。《红楼梦》中对它有详细的描述："大家围随，过了藕香榭，穿入一条夹道，东西两边皆有过街门，门楼上里外皆嵌着石头匾。"青砖、灰瓦、砖雕、垂挂、匾额、脊吻等构成了北方传统民居建筑过街门的基本元素。主体多以砖石砌筑，古朴厚重而不张扬，从上至下层次丰富，富有节奏变化，韵味无穷。

从造型上来看，关中地区的门楼具有北方民居的一般特点，门楼砖雕精细，做工讲究。韩城地区自古崇尚读书，更以考取科举为荣，门楼一般有门匾，多数用木刻题字，也有砖雕题字。至今保留完好的门匾题字有进士第、耕读第、世科第、太史第、和为贵、福德居等，从门匾题字中便能体现出该地区特有的文化氛围和建筑形式。

陕西韩城民居党家村位于西安的东北方向，紧邻山西省河津市禹门口黄河涯岸边，其西侧便是司马迁墓和祠。在历史上，很多山西人迁徙至此为商、为官，这里的居民宅院多由晋商、晋民所建，因而建筑风格兼具山西民居特点。

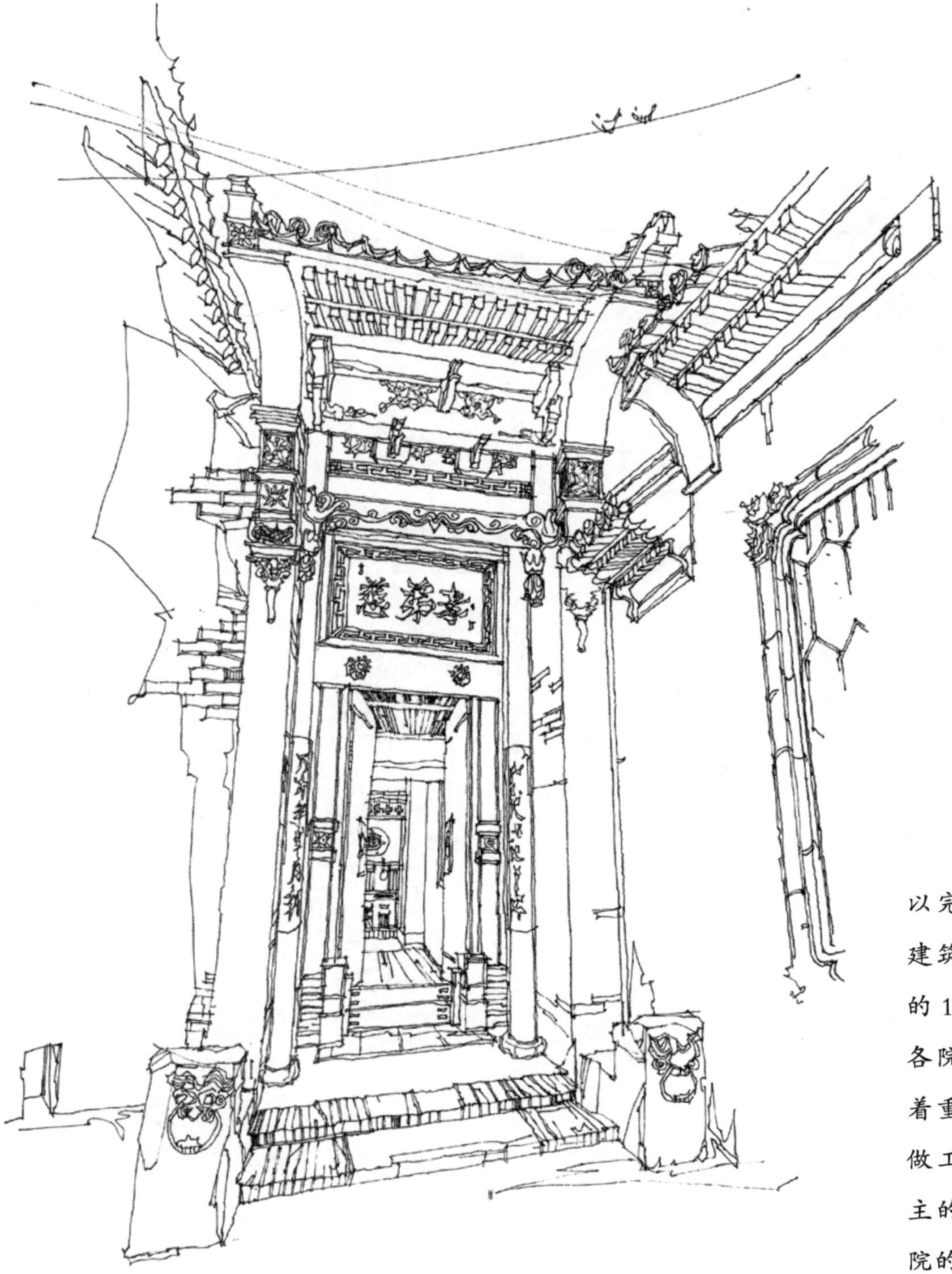

党家村有别于其他北方民居，以完整的街巷、院落而出名。村落建筑布局紧凑而错落，由形式各样的 120 多座四合院构成。因门楼是各院落空间的入口标志，成为户主着重装修的部位，从门楼的形式和做工精致程度来看，就能反映出户主的身份及社会地位，以及整座宅院的建造品质。

图为党家村用砖石构造的古门楼，矗立在街头巷尾，其中雕刻工艺精致，局部有青石精雕，也有方砖拼砌雕刻。砖石构造结构坚固，此门楼至今保存完好，得益于砖石材料坚固的结构体系，砖石多用于建筑基础、墙体、柱子、拱券等受压部位，具有良好的稳定性，同时便于装饰，易于精雕细琢。

全村由多条主要巷道构成，主巷走向东西穿村而过，次巷、端巷与主巷连接，并符合地形排水方向。街头巷尾多见石碑门楼，保存较为完整，通体石材，顶部构件由石构卯榫相互衔接，石脊石吻分段雕刻而成。现左右碑文几近磨灭，护门石狮也有残缺，但依稀能感受到古代石匠雕刻技艺的精湛。

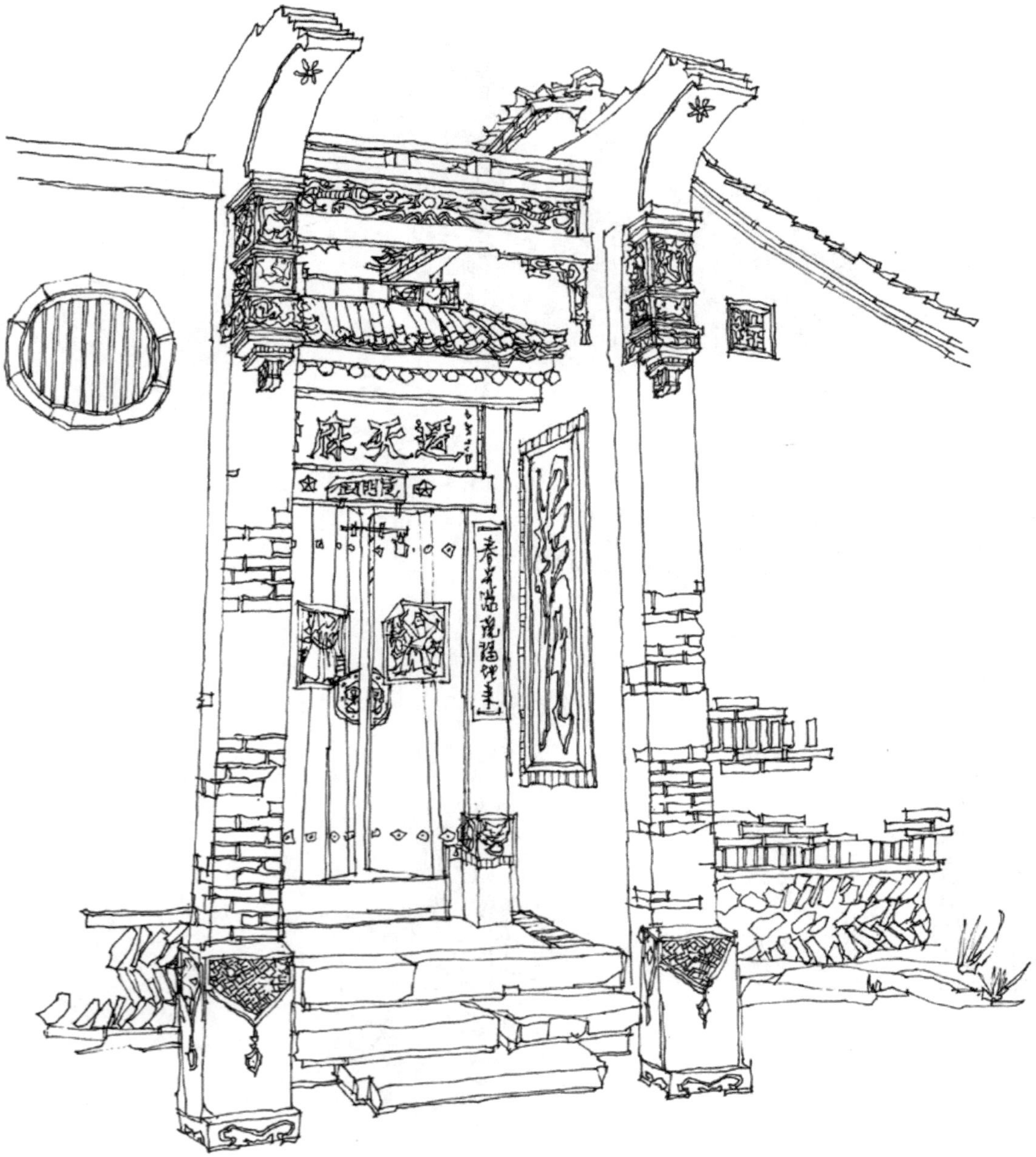

党家村是韩城地区保留较好、具有一定代表性的传统村落。建筑类型主要包括祠堂、宅院、庙宇、戏台、文星阁、节孝碑等，还有清末建造的寨墙和村中用于守望的看家楼。门楼不仅木雕、砖雕、石雕及门匾题词丰富，其造型也变化多样，有的宅院大门两侧伸出马头墙，整体呈前倾的动态效果，门扇则相对处于后面，宅门入口就腾出了过渡性空间。墀头和角柱就成为重点装饰部位，以砖雕最为普遍。

门楼是院落文化的一部分，历来受到特别重视，所谓“门第等次”即为此意，“门面”“脸面”也在于此。大户人家的门楼结构和装饰不会比房屋简单，顶部为挑檐式屋顶，门楣上有双面砖雕，挂以匾额题字。斗框边饰有花卉和蝙蝠等吉祥图案。一般门楼石墩、砖雕、门扇、门环、门联则是必不可少的。有些大户宅门于两侧各放一对石狮或石鼓，石狮、石鼓不仅具有装饰美感，还有驱祟保安之意。

党家村主要有党、贾两族，他们的生意兴隆，成为地方巨商富贾，因而党家村在明清两代有较大规模兴建。商户门楼装饰十分讲究，朴实精美，雕刻艺术荟萃。门枕为方形或圆鼓式，均为石雕。有狮子门墩、鼓儿门墩、狮子鼓儿相结合的门墩，还有造型简单的线雕门墩。其中狮子门墩形象生动，神态逼真，风格上或粗犷简略，或精雕细刻。门楼两侧有美观的砖雕墀头，题材非常丰富，有琴棋书画、梅兰竹菊、鹿兔象马、虎牛麒麟以及几何图案等，有吉祥如意、国泰民安之意。

汉中佛坪县岳坝乡岳坝村地处秦岭腹地，这里藏着一处江南风格的古民居——何氏民居，当地人俗称“花房子”，系清朝嘉庆壬申年建造，至今已200多年。何氏民居的外观与黄山的徽派建筑颇为相似，相传何家在佛坪有票号店铺，常常济贫乡里，从安徽请工匠建造此宅。院落平面为长方形制，门楼居中，两侧各立一面耳墙，四周为高大的三进式风火山墙。檐口下部绘有花草图案，墙体封顶处以砖雕装饰，门匾题刻有“耕读传家”石匾。

佛坪何氏民居具备陕南民居的一般特点，建筑风格融合湖南、湖北、四川等地民居特点，形象特别，装饰精巧。建筑主体结构分上下两层，因秦岭深山处雨水频繁，常年潮湿，上层用来存储粮食以保持干燥，下层主要用来生活起居。建筑外观为白墙青瓦，屋顶脊吻起翘，具有典型南方民居的特点。宅院入口用青石铺地，踏步数层，为木构结构，柱子下有石头柱础。

参考文献

[1] 张壁田，刘振亚 . 陕西民居 [M]. 北京：中国建筑工业出版社，2018.

[2] 侯继尧，任致远，周培南，等 . 窑洞民居 [M]. 北京：中国建筑工业出版社，2018.

[3] 陈和虎，陈熊俊 . 走近陕南传统民居 [M]. 西安：西安交通大学出版社，2016.

[4] 周正楠 . 媒介・建筑：传播学对建筑设计的启示 [M]. 南京：东南大学出版社，2003.

[5] 王小慧 . 建筑文化・艺术及其传播 [M]. 天津：百花文艺出版社，2000.

后 记

传统民居是浓烈的文化记忆，是乡愁，凝聚着丰富的本源文化和信息，是一个地方居民的文化生活空间，是一辈辈人生活与匠心构筑的母本。有房子在就有人在，有人在就会有文化活动在、故事在、传说在。一旦房毁人散，最直观、最生动的文化信息也将消失。聚落，是随农业出现而形成的固定居民点，划分成以农业为主的乡村。由于生活方式和生活环境的不同，乡村中的乡绅庶民居所也在漫长的历史发展中自成轨迹。传统民居的特征是以地方家族氏系的血缘关系为生存纽带，通过适宜技术的不断演进、交流、影响和磨合，同时以自然因素、社会状况和文化传统组成的地缘条件展开生活方式。

记录传统民居始于20世纪80年代中期，我第一次踏入山西的堤村，那是黄土塬上一个古老的乡村。我被民居的魅力深深震撼和影响，就用笔开始了采集，一画就是近四十年。传统民居的绘和读传达的是先祖们顺应自然、敬畏天地、应对生存、因地制宜的理材施艺的“栖居”方式。是忠实记录不同地域、社会民俗和历史文化的传统民居，昭示了建筑的物质、空间及情感等方面的审美信息和民族文化。以此提醒我们当面对如此厚重的文化遗产，应当如何珍惜。

陕北土窑屋和山西窑洞民居形态构造上有些相似，都是黄土高原生土形成，建筑在沟壑丘陵、峁梁坡地上，分为靠崖土窑洞、下沉地坑窑和土坯拱窑。以土为主题，有土砖、土瓦、土墙、土门楼，以及窑内的土炕、土灶和土罐等。乡村相对富裕的人家有场院，窑屋结合的青砖灰瓦、木雕石刻，匠工考究，相对精致，高墙深院有着华丽的门楼，由土木砖瓦石基本元素构成。

陕北、陕南和关中的乡村古民居已渐渐遗失，在现代化社会进程中遭到不同程度的破坏，记录和保护这仅存的人文资源就成为十分紧要的事情。如果原生文化记忆消失了，文脉链条也就断裂了，因而以绘读方式记录和采集传统民居的信息显得十分重要。作为一名建筑师，希望能以图和文的表现形式记录好传统民居的现状，也算是做了点真正有价值和意义的事情。

张家荣

2020年秋